SCHRIFTEN AUS DEM GESAMTGEBIET DER GEWERBEHYGIENE
HERAUSGEGEBEN VON DER DEUTSCHEN GESELLSCHAFT FÜR GEWERBEHYGIENE
IN FRANKFURT A. M., PLATZ DER REPUBLIK 49
NEUE FOLGE. HEFT 23

Das Tiefdruckverfahren

unter besonderer Berücksichtigung
der Maßnahmen zur Vermeidung von Schädigungen
bei seiner Verwendung

Im Auftrag des Technischen Ausschusses
der Deutschen Gesellschaft für Gewerbehygiene

bearbeitet von

Dr. R. Krug
Halle-Ammendorf

Dipl.-Ing. Fr. Rothe
Direktor der Deutschen Buchdrucker-
Berufsgenossenschaft, Leipzig

und

J. Wenzel
Oberregierungs- und
-gewerberat, Berlin

Zweite neubearbeitete und ergänzte Auflage
Mit 21 Abbildungen

Springer-Verlag Berlin Heidelberg GmbH

1930

ISBN 978-3-662-38830-3   ISBN 978-3-662-39748-0 (eBook)
DOI 10.1007/978-3-662-39748-0
Alle Rechte, insbesondere das der Übersetzung
in fremde Sprachen, vorbehalten.

Vorwort zur ersten Auflage.

Die alte Weisheit „Wer rastet, der rostet" gilt besonders für die gewerblichen Unternehmer. Nicht nur die Freude und Befriedigung an der eigenen Arbeit und Tätigkeit sondern auch der Wettbewerb veranlaßt sie, immer neue und bessere Arbeitsverfahren zu ersinnen und einzuführen. Dabei kann man zuweilen beobachten, daß der wirtschaftliche und technische Fortschritt nicht in allen Fällen ohne weiteres auch einen Fortschritt in Bezug auf die gesundheitlichen Arbeitsbedingungen bildet. Der Erfinder eines neuen Verfahrens und die Erbauer einer neuen Maschine denken selbstverständlich an erster Stelle an die technische und wirtschaftliche Verbesserung und berücksichtigen die gesundheitliche Ausgestaltung nicht immer genügend, entweder weil sie die mit der Neuerung verbundenen Gesundheits- und Unfallgefahren nicht richtig erkennen und abschätzen, oder weil diese gar nicht vorherzusehen sind, sondern sich erst im Betriebe ergeben.

Andererseits ruft jede Neuerung auch einen gewissen Widerstand bei einem großen Teil der beteiligten Arbeitnehmer hervor, die wie die meisten Menschen an dem Gewohnten hängen. Sie empfinden daher ganz unwillkürlich die etwaigen Nachteile und Belästigungen besonders stark. Dadurch ist es zu verstehen, daß nicht selten an sich berechtigte Beschwerden über die Nachteile neuer Verfahren übertrieben und verallgemeinert werden.

Ähnliche Vorgänge zeigten sich auch bei der Einführung eines neuen Druckverfahrens, des sogenannten Tiefdrucks. Technisch und wirtschaftlich bedeutete es einen Fortschritt, aber — nach den lautwerdenden Klagen und Beschwerden — gesundheitlich einen Rückschritt gegenüber dem alten Verfahren. Als wesentlichste Quelle der Gefahren und Belästigungen wurden sehr bald die Lösungsmittel für die Druckfarben erkannt, die der Eigenart des Tiefdrucks entsprechend andere Zusammensetzung und Eigenschaft hatten wie die bisher benutzten Lösungsmittel. Es ist ohne weiteres klar, daß es zwei Wege gibt, um die Gefahren, die die Lösungsmittel mit sich bringen, zu beseitigen. Einerseits kann man versuchen, die Lösungsmittel durch andere mit weniger gesundheitsschädlichen Eigenschaften zu ersetzen, und andererseits kann man die Tiefdruckmaschinen und das Arbeitsverfahren so ausgestalten, daß eine Beseitigung der Dämpfe des Lösungsmittels — zum mindesten ihrer Hauptmenge — möglich ist. Endlich kommt noch in Frage, wieweit das persönliche Verhalten und die Ausrüstung der an dem Tiefdruck beschäftigten Personen dazu beitragen können, die Gefahren zu vermindern.

Auf eine Anregung des Verbandes der Deutschen Buchdrucker hat der Technische Ausschuß der Deutschen Gesellschaft für Gewerbehygiene beschlossen, die ganze Frage einmal zu prüfen. Er hat dazu einen Unterausschuß eingesetzt unter dem Vorsitz des Herrn Oberregierungs- und -gewerberats Wenzel, dem folgende Mitglieder angehörten: Herr Dr. Fleischmann-Ludwigshafen a. Rh., Herr Professor Dr. Gross-Ludwigshafen a. Rh., Herr O. Höhne-Berlin, Verband der Deutschen Buchdrucker, Herr Landtagsabgeordneter Jaletzki-Breslau, Gesamtverband der christlichen Gewerkschaften Deutschlands, Herr Dr. Krug-Halle a. S., Herr Paul Leinen-Berlin, Verband der Lithographen, Steindrucker u. verwandte Berufe, Herr Direktor Pels Leusden-Würzburg, Vereinigung deutscher Druckmaschinenfabriken, Herr Dipl.-Ing. Rothe-Leipzig, Direktor der Deutschen Buchdrucker-Berufsgenossenschaft, Herr Direktor Hans Sternheim-Berlin, Deutscher Buchdruckerverein. Berichterstatter waren die Herren Dr. Krug und Direktor Dipl.-Ing. Rothe. Beide Herren haben auch in Gemeinschaft mit Herrn Oberregierungsrat Wenzel die redaktionelle Bearbeitung des Berichts übernommen. Ihnen und allen den genannten Herren sei an dieser Stelle für ihre rege, aufopferungsvolle und fleißige Mitarbeit gedankt.

Die von dem Unterausschuß angestellten, eingehenden und sorgfältigen Untersuchungen haben nun gezeigt, daß die Verwendung anderer — minder schädlicher — Lösungsmittel zur Zeit nicht möglich ist. Ob es noch gelingen wird solche Lösungsmittel zu finden, muß dahin gestellt bleiben. Auch durch eine Änderung der Bauart der Tiefdruckmaschinen ist nach Ansicht des Unterausschusses eine vollkommene Beseitigung der Dämpfe nicht zu erreichen. Andererseits hat der Unterausschuß die Überzeugung gewonnen, daß es möglich ist, die Gefahren und Belästigungen durch die Lösungsmittel auf ein Mindestmaß zurückzuführen, wenn alle Beteiligten dazu zielbewußt zusammenarbeiten. An erster Stelle ist eine sorgsame Auswahl und Vorprüfung der Lösungsmittel und die Verwendung einer sachgemäß gebauten Tiefdruckmaschine nötig, welche eine zweckmäßige Anordnung der Trocknung und eine wirksame Absaugung der Dämpfe gestattet. Ferner muß der Betrieb sorgfältig überwacht und die Art der Beschäftigung sowie der Gesundheitszustand der einzelnen an Tiefdruckmaschinen beschäftigten Arbeitskräfte dauernd beobachtet werden. Endlich müssen die Arbeitnehmer auch alle Sicherheits- und Vorbeugungsmaßnahmen peinlich beachten und nie die nötige Vorsicht außer acht lassen.

Die Darstellung der Ergebnisse der Untersuchungen und der Versuche dürfte den beteiligten Kreisen eine nützliche und willkommene Unterlage für die gesundheitliche Ausgestaltung des Betriebes geben.

Im Februar 1929.

Deutsche Gesellschaft für Gewerbehygiene
Der Vorsitzende des Technischen Ausschusses:
Dr. Leymann
Geh. Oberregierungsrat

Vorwort zur zweiten Auflage.

Nachdem die erste Auflage der Schrift in kurzer Zeit vollständig vergriffen war, hat sich der Technische Ausschuß der Deutschen Gesellschaft für Gewerbehygiene entschlossen, die Arbeit nochmals in einer neuen Auflage erscheinen zu lassen. Diese ist auf Grund der inzwischen gemachten Erfahrungen ergänzt und vervollständigt und in manchen Teilen ganz neu bearbeitet worden. Möge sie auch dazu beitragen, die Kenntnis der Gefahren des Tiefdrucks und der Mittel zu ihrer Verhütung und Verminderung zu verbreiten.

Den Herren Bearbeitern, die sich der Mühe unterzogen haben, die Neubearbeitung vorzunehmen, gebührt dafür besonderer Dank.

Im Juni 1930.

Deutsche Gesellschaft für Gewerbehygiene

Der Vorsitzende des Technischen Ausschusses:

Dr. Leymann

Geh. Oberregierungsrat

Inhaltsverzeichnis.

	Seite
1. Geschichtliche Entwicklung des Tiefdrucks	1
2. Die Maschinen und das Verfahren	3
a) Allgemeine Beschreibung	3
b) Über die Anfertigung der Photographie, Kopie und Ätzung	4
c) Über den Druck	6
3. Die Farbe und ihre Lösungsmittel	8
a) Die Tiefdruckfarbe	8
b) Die Lösungsmittel und ihre Schädlichkeit	9
4. Die Entwicklung schädlicher Dämpfe und ihre Beseitigung	15
a) Beim Mischen und Aufbringen der Farblösung	15
b) Beim Trocknen des Druckes	18
c) Beim Waschen der Zylinder und Farbkästen	29
5. Die Entstehung von Bränden an Tiefdruckmaschinen, ihre Verhütung und Bekämpfung	30
a) Die elektrische Aufladung und ihre Ableitung	30
b) Die Löschmittel	33
6. Staubabsaugung an Schleifmaschinen	34

1. Geschichtliche Entwicklung des Tiefdrucks.

Es sind noch nicht zwei Jahrzehnte vergangen, daß neben den Jahrhunderte alten Buch- und Steindruck und den noch jungen Offsetdruck der Tiefdruck getreten ist. Die Technik dieses Druckverfahrens hat sich mit außerordentlicher Schnelligkeit entwickelt und steht heute bereits auf so bedeutender Höhe, daß sich der Tiefdruck immer mehr Gebiete erobert, die bisher vom Buchdruck oder Offsetdruck beherrscht wurden. Dank seiner weitgehenden Ausdrucksmöglichkeit des Bildes werden heute zahlreiche illustrierte Zeitschriften, Wochen- und Monatsbeilagen der Zeitungen, illustrierte Kataloge, Prospekte, Packungen, sowie einfarbige Bilder bei großer Auflage, im Tiefdruck ausgeführt. Auch der Mehrfarbentiefdruck hat in der letzten Zeit große Fortschritte gemacht. Es ist zwar im Tiefdruckverfahren nicht möglich, die Schrift mit der gleichen Schönheit und Schärfe auf dem Papier zum Ausdruck zu bringen, wie es der Buchdruck kann, handelt es sich aber um die Wiedergabe von Bildern, deren Wirkung in erster Linie auf der kraftvollen Betonung der Schatten beruht, so ist die Bedeutung des Tiefdruckes über jeden Zweifel erhaben. Sowohl in reinem oder getöntem Schwarz, wie auch in Bunt vermag der Tiefdruck das Beste zu bieten, was überhaupt mit schnellaufenden Maschinen im Bilderdruck zu erreichen ist.

Wenn auch der Tiefdruck heute schon ein hohes Maß von Leistungsfähigkeit besitzt, so ist sein Entwicklungsvermögen in künstlerischer, wirtschaftlicher und technischer Hinsicht durchaus noch nicht abgeschlossen, und unermüdlich und mit offensichtlich weiteren Erfolgen wird an seinem Ausbau gearbeitet.

Zunächst einige theoretische Ausführungen, die manchem Leser sicher bekannt sind, die aber, da das Buch auch für Nichtfachleute bestimmt ist, nicht umgangen werden können. In der graphischen Drucktechnik kann man grundsätzlich drei verschiedene Verfahren unterscheiden, und zwar den Hochdruck, Flachdruck und Tiefdruck. Beim Hochdruck, der in der Hauptsache auf Tiegeldruckpressen, Buchdruckschnellpressen oder Buchdruckrotationsmaschinen ausgeführt wird, ist das zu druckende Bild oder die Schrift an den zum Abdruck kommenden Stellen hochstehend und erhaben, und diese Stellen werden mit Farbe berührt, die dann vom Papier abgenommen wird. Der Flachdruck wird meist auf Steindruckschnellpressen oder Offsetmaschinen ausgeführt; dabei liegen die eingefärbten und zum Abdruck kommenden Bildteile, wie auch die uneingefärbt gebliebenen, weiß bleibenden Teile in einer Ebene; es ist somit keiner gegen den anderen erhöht. Diese Druckart beruht auf dem gegenseitigen Abstoßen von Fett und Wasser. Der Tiefdruck wird auf der Kupferdruckpresse oder auf der Bogen- und Rollenrotationsmaschine ausgeführt. Die Striche und Punkte des Bildes und der Schrift liegen vertieft in der Kupferplatte oder im Zylinder, und die Farbe wird aus diesen Vertiefungen vom Papier herausgeholt.

Der Tiefdruck in seiner einfachsten Form ist alt. Tiefdrucke machte bereits Pi Cheng um das Jahr 1040 in China. Die Vervielfältigung der Drucke geschah in der Weise, daß Bilder und Schrift in Holzformen oder Metallplatten eingeritzt oder eingegraben waren, und in diese Vertiefungen die Farbe eingerieben wurde. Die auf der Plattenoberfläche haftende Farbe wurde entfernt und nach Auflegen von Papier die Platte durch die Presse gezogen, wobei das Papier die in den Vertiefungen befindliche Farbe heraushob. Ähnlich arbeiteten auch die nach der Zerstörung der Fust-Schöfferschen Druckerei im Jahre 1462 aus Mainz ausgewanderten Buchdrucker Conrad Schwemheim und sein Mitarbeiter Pannartz, die im Jahre 1464 in Rom die Tiefdrucktechnik einführten. Der Name Kupfertiefdruck sagt nur, daß eine gewöhnliche Kupferplatte oder ein Kupferzylinder als Druckform in Anwendung kommt. Nächst dem Holzschnitt sind auch die Radierung und der Stahlstich als Tiefdruck zu bezeichnen, doch sind diese Verfahren für die vorliegende Schrift ohne Bedeutung.

In ganz neue Bahnen wurde der Tiefdruck durch die Photographie und ihre Benutzung für die Heliogravüre durch K. Klič in Wien gedrängt. Karl Klič beschäftigte sich als zeichnerischer Mitarbeiter an verschiedenen Zeitschriften auch damit, die Druckformerzeugung billiger und einfacher zu gestalten. Bei der durch Klič eingeführten Heliogravüre geht der Druck in gleicher Weise wie bei einer Radierung vor sich, jedoch kann die Heliogravüre ähnlich wie die Autotypie nur unter Zuhilfenahme der Photographie gefertigt werden. Im Jahre 1883 hatte Klič Verbindung mit englischen Firmen aufgenommen wegen des Verkaufes des Heliogravürverfahrens, 1890 siedelte er ganz nach England über und brachte bei der Rembrandt Intaglio Printing Comp. Ltd. im August 1895 die ersten Drucke im Rakeltiefdruckverfahren heraus. Jahrzehntelang waren Versuche gemacht worden, die Handarbeit der Tiefdrucker, das Einfärben und Wischen durch maschinelle Vorrichtungen zu ersetzen, Klič ist zuerst die praktische Durchführung gelungen. Statt des Auswischens der Farbe verwendete er eine mechanische Vorrichtung zur Abnahme der überschüssigen Farbe, die Rakel, ein dünnes Stahllineal, das federnd über die Form schleift und die Farbe von der Oberfläche fortnimmt. Über die Entwicklung der Erfindung und die technische Ausführung bei der Rembrandt Intaglio Printing Comp. ist nur sehr wenig bekannt, da Klič die denkbar größte Vorsicht walten ließ, um sein Verfahren geheim zu halten. Unabhängig von Klič wurden auch in Deutschland verschiedene Versuche unternommen, den Kupfertiefdruck zu verbessern, die aber zunächst nicht zu dem gewünschten Erfolg — mit Rotationsgeschwindigkeit zu vervielfältigen — führten. Es wurden z. B. bei den Firmen F. Bruckmann A.-G., in München durch Theodor Reiche unter dem Namen

„Mezzotinto-Druck", bei J. Loewy in Wien als „Intaglio-Druck" und bei Meißenbach, Riffarth & Co., in Berlin als „Heliotint"-Verfahren eingeführt, bei denen die Bildübertragung mittels Pigment-Gelatinepapier, das naß auf die Walze aufgequetscht wird, vorgenommen wurde; diese Verfahren benötigten jedoch, da sie für Kunstblätterdruck bestimmt waren, keinen dauernden Schnelldruck.

Erst Dr. Eduard Mertens in Freiburg sollte es auf Grund seiner Erfahrungen beim Kattundruck gelingen, den Zeitungsrotationstiefdruck in Deutschland einzuführen. Die zu Ostern 1910 nach seinen Angaben von dem Buchdruckereibesitzer und Verleger Max Ortmann in Freiburg i. Br. herausgebrachte erste Tiefdrucknummer der „Freiburger Zeitung" rief allgemeines Erstaunen in in- und ausländischen Fachkreisen hervor. Man erkannte die große Bedeutung dieser Erfindung und in kurzer Zeit erfolgte die Aufstellung von Tiefdruckrotationsmaschinen bei der Frankfurter Sozietätsdruckerei, beim Hamburger Fremdenblatt, bei der Verlagsanstalt von W. Vobach & Co., und bei anderen Firmen. Dr. Mertens und Ernst Rolffs, die gleichzeitig, aber zunächst unabhängig voneinander, in Deutschland auf diesem Gebiete mit Erfolg gearbeitet hatten, gebührt vor allem das Verdienst, der Fachwelt das bis dahin ängstlich gehütete Geheimnis der photochemigraphischen Herstellung von Druckformen für den maschinellen Tiefdruck enthüllt zu haben. Darüber hinaus verdanken wir ihnen den Gedanken, mit den Bildern gleichzeitig auch Text in Tiefdruck herzustellen. Während des Weltkrieges kam die Entwicklung des Tiefdrucks nicht vorwärts, aber in neuester Zeit setzte sie wieder sehr kräftig ein, so daß anzunehmen ist, daß der Tiefdruck auch in Zukunft seine Stellung neben dem Buchdruck und Offsetdruck behaupten wird.

2. Die Maschinen und das Verfahren.

a) Allgemeine Beschreibung.

Wie beim Buch-, Stein- oder Offsetdruck bedarf es auch beim Tiefdruck einer besonders für diese Zwecke konstruierten Maschine. Wir haben zu unterscheiden zwischen Rotationstiefdruckmaschinen für Bogenanlage und für Rollenpapiere (mit endloser Papierbahn, Schneide- und Falzapparaten) und Flachtiefdruckmaschinen.

Bei ersteren beiden Arten geschieht der Druck von einem rotierenden Kupferzylinder (elektrolytisch verkupferte Stahl- oder Aluminiumwalze), bei der letzteren Art, die heute nur noch selten vorkommt, dagegen von liegenden Kupferplatten. Stein- und Lichtdruckpressen lassen sich daher leicht in Tiefdruckschnellpressen umbauen. Wenn auch die meisten Flachtiefdruckpressen vom drucktechnischen Standpunkt aus einwandfrei arbeiten, so ist eine wirtschaftliche Ausnutzung dieses Verfahrens nur in wenigen Fällen möglich. Für unsere Abhandlung interessieren uns mehr die Rotationstiefdruckmaschinen größeren Formats. Solche werden gebaut von:

Maschinenfabrik Augsburg-Nürnberg, A.-G., Werk Augsburg,
,, Johannisberg, G.m.b.H., Geisenheim a. Rhein,
,, König & Bauer, Würzburg,
Schnellpressenfabrik Frankenthal, Albert & Cie., A.-G., Frankenthal/Pfalz,
Maschinenfabrik Winkler, Fallert & Co., Bern.

b) Über die Anfertigung der Photographie, Kopie und Ätzung.

Bei der Autotypie wird das Bild durch den Raster in einzelne Punkte zerlegt und die einzelnen Tonwerte durch die Größe der Rasterpunkte hervorgerufen. Beim Tiefdruck dagegen erhält man die gewünschten Töne durch Abstufungen in der Druckfarbe bzw. durch die verschiedene Tiefe der Ätzung. Zweck der Rasterstege ist beim Tiefdruckverfahren,

Abb. 1. Bogentiefdruckrotationsmaschine der M.A.N. Maschinenfabrik Augsburg-Nürnberg A.G., Werk Augsburg.

zu verhüten, daß die Rakel die Farbe aus den Vertiefungen herausstreicht, und ihr eine Unterstützung zu geben, damit sie nicht die Ätzung zerstört.

Von der Bildvorlage wird zunächst ein Negativ und von diesem ein Halbtondiapositiv hergestellt. Das Diapositiv muß so aussehen, wie man den Druck später zu sehen wünscht. Das Pigmentpapier, auf das das photographische Diapositiv kopiert wird, ist ein Papier mit gefärbtem Gelatineaufguß, das kurz vor Gebrauch durch ein Bad in 3—5proz. Kaliumbichromatlösung lichtempfindlich gemacht, in einem vor Tageslicht geschützten Raum getrocknet, und im Kopierrahmen mit Tiefdruckrasterplatte dem Licht elektrischer Bogenlampen ausgesetzt worden ist. (Gelatineschicht und Rasterliniennetz aneinander.) Der Raster ist im allgemeinen eine Glasplatte, mit einer schwarzen Schicht versehen, auf der feine Linien senkrecht zueinander gezogen sind. Chromatgelatine verliert im Licht ihre Löslichkeit im warmen Wasser, sie wird

„gegerbt". Die Belichtung wird eingestellt, ehe die Gerbung bis an die Papierunterlage gekommen ist, so daß zwischen der gehärteten Gelatine und dem Papier noch unveränderte, warmwasserlösliche Gelatine ver-

Abb. 2. Johannisberg I. Bogen-Tiefdruck-Rotationsmaschine der Maschinenfabrik Johannisberg G. m. b. H., Geisenheim a. Rh. Anlegeseite.

Abb. 3. Albert-16 Seiten Einrollen-Tiefdruck-Rotationsmaschine für einfarbigen Schön- und Widerdruck, mit einfach breitem Falzapparat zur Herstellung illustrierter Zeitschriften usw. der Schnellpressenfabrik Frankenthal. Albert & Co., A.G., Frankenthal/Pfalz.

bleibt. Auf das so behandelte Pigmentpapier werden dann alle Diapositive, die zusammen auf einen Druckbogen kommen sollen und auf einer Spiegelglasscheibe entsprechend montiert sind, in einem pneumatischen Kopierrahmen kopiert. Die Kopie wird, nachdem sie durch ein

Kaltwasserbad geschmeidig gemacht ist, fest auf die Kupferoberfläche des Druckzylinders aufgequetscht. Nach kurzem Antrocknen, bei dem sich die Gelatineschicht mit dem Kupfer gut verbindet, wird in warmem Wasser so lange gebadet, bis sich das Papier ablöst. Dann wird das Pigment entwickelt, d. h. es wird so lange gewaschen, bis alle nicht gehärtete Chromgelatine, also die nicht vom Licht getroffene, sich gelöst hat und entfernt ist. Ist die Entwicklung beendet, so wird mit kaltem Wasser gekühlt und durch Übergießen mit Spiritus getrocknet. Man hat nun ein Relief erhalten, das in den Tiefen flach, in den Mitteltönen mittel und im Licht hoch ist, am höchsten ist jedoch das Rasterlinienrelief. Nun werden die Bildränder mit Asphaltlack abgedeckt, damit sie nicht von der Ätzlösung angegriffen werden, und die Ätzung mit Eisenchlorid

Abb. 4. Fünffarben-Tiefdruck-Rotationsmaschine für einfarbigen Schön- und vierfarbigen Widerdruck der Maschinenfabrik König & Bauer, Würzburg.

beginnt, zunächst in konzentrierten Bädern, die nur dünne Gelatineschichten durchdringen, und dann mit immer wässeriger werdenden Bädern, die auch die höheren Reliefschichten durchdringen. Nur die Rasterlinien dürfen nicht geätzt werden, da angeätzte Rasterstege keine hohe Druckauflage zulassen. Ist die Ätzung beendet, so wird das Eisenchlorid abgespült, der Asphaltlack abgewaschen, das Oxyd entfernt und Flecken oder kleinere Fehler beseitigt.

c) Über den Druck.

Die Form ist nun druckfertig, und sobald der Kupferzylinder in die Maschine eingehoben ist, kann mit dem Druck begonnen werden. Ungeachtet der verschiedenen Systeme der einzelnen Maschinenlieferanten gestaltet sich der Druckvorgang etwa folgendermaßen:

Der geätzte Kupferzylinder wird durch eine Stoff- oder Gelatinewalze mit Plüschüberzug oder durch direktes Eintauchen in die Farbe ganz mit Farbe bedeckt. Das Farbwerk besteht aus einem reichlich bemessenen Farbkasten mit Hoch- und Tiefstellung.

Bei der Einfärbung wird in jedem Falle der ganze Zylindermantel (Formzylinder) mit Farbe bedeckt. Ein federndes Stahlmesser, die Rakel, streicht die von der Farbwalze aufgetragene überschüssige Farbe von der Bildfläche ab, so daß dieselbe nur in den Vertiefungen sitzen bleibt. Die Rakel hat dabei eine unregelmäßig hin- und hergehende Bewegung, und zwar stehen die Perioden in einem ungeraden Verhältnis zu den Umdrehungen des Bildzylinders, so daß sich gleiche Stellen an Rakel und Bildfläche erst nach längerer Zeit zum zweitenmal wieder berühren. Nach der Arbeit der Rakel liegt also nur an den geätzten Stellen Farbe in dem Formzylinder, und zwar in den Schatten des Bildes viel Farbe, in den Lichtern wenig Farbe.

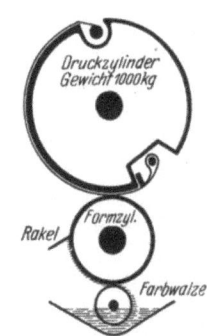

Abb. 5. Anordnung von Farbwalze, Formzylinder und Druckzylinder an der Bogen-Tiefdruck-Rotationsmaschine Johannisberg I der Maschinenfabrik Johannisberg G.m.b.H., Geisenheim/Rh.

Das Papier kommt zunächst mit der Kupferwalze in Berührung, gegen die es durch eine Preßwalze (Druckzylinder, meistens Stahl mit Gummibezug) angedrückt und in die Vertiefungen der Druckform eingepreßt wird. Es passiert dann einen geheizten Trockenzylinder bzw. Kühlzylinder, um schließlich noch auf den Ausführbändern durch Aufblasen von heißer oder kalter Luft getrocknet zu werden. Bei den Rollenrotationsmaschinen für zweiseitigen Druck läuft die einseitig bedruckte Papierbahn weiter über einen geheizten

Abb. 6. Rakelmesser an der Bogen-Tiefdruck-Rotationsmaschine Johannisberg I der Maschinenfabrik Johannisberg G. m. b. H. Geisenheim/Rhein.

Trockenzylinder und gelangt dann ins Widerdruckwerk, in dem auf die gleiche Weise die andere Seite des Papiers bedruckt wird. Es läuft von hier erneut über einen Trockenzylinder und gelangt dann in den

Falzapparat, wo es durch den Schneideapparat auf Format geschnitten und gefalzt wird.

Bei einigen Maschinen setzt unmittelbar nach der Rakel, also schon vor dem Druck, eine flüchtige, künstliche Trocknung des Druckzylinders ein, um einen auf den weißen Rändern des Bildes gebliebenen Hauch von Farbe zu trocknen, damit er nicht mitdruckt (System Schulte, Frankenthal).

Sehr verschieden sind heute noch die Ansichten über die Trocknung des bedruckten Papiers. Man hat Trockenzylinder, über die das Papier nach dem Druck läuft; sie werden im allgemeinen mit elektrischer Widerstandsheizung ausgerüstet und die Temperatur wird automatisch auf der eingestellten Höhe konstant gehalten. Man hat weiterhin Dampfheizschlangen und Gebläsevorrichtungen in die Maschine eingebaut. Die Heizschlangen, die möglichst dicht unter den endlosen, bedruckten Papiersträngen liegen, findet man seltener als elektrische Heizelemente. Die Gebläsevorrichtungen haben sich viel Eingang verschafft und gut bewährt. Allerdings gehen die Meinungen auseinander, ob mit kalter oder heißer Luft geblasen werden soll. Die Gebläsevorrichtungen werden so angeordnet, daß ein starker Strom frischer Luft entgegengesetzt der Laufrichtung des Papiers auf die bedruckte Seite geblasen wird. Neuerdings werden auch an Tiefdruckmaschinen verschiedentlich Kühlwalzen eingebaut, die mit Wasserkühlung versehen sind und auf den von der Trockentrommel kommenden, erwärmten Papierstrang mit plötzlicher kräftiger Abkühlung wirken. Hierdurch soll vor allem der Bildung toniger Streifen im Druck vorgebeugt werden.

3. Die Farbe und ihre Lösungsmittel.

a) Die Tiefdruckfarbe.

Wie aus den bisherigen Ausführungen zu ersehen ist, muß die Farbe für den Tiefdruck ganz andere Eigenschaften als die Buchdruck- oder Offsetfarbe haben. Bei letzteren Farben wird fast immer reiner Leinölfirnis verschiedener Konsistenz als Bindemittel genommen, welcher der Farbe eine gewisse Zähigkeit verleiht. Von der Tiefdruckfarbe wird dagegen verlangt, daß sie nicht nur sehr dünn gehalten ist, sondern sie muß aus den Tiefen der Ätzung auf dem Kupferzylinder, in die sie zunächst hineinläuft, vom Druckpapier leicht herauszuholen sein. Sie muß aber auch sehr geschmeidig sein, um sich durch die automatische Bewegung der Rakel entfernen zu lassen, und fernerhin wird verlangt, daß sie schnell trocknet und sehr ergiebig ist, d. h. sie muß eine möglichst große Menge des festen Farbstoffes aufnehmen können. Bei dem Farbkörper muß darauf geachtet werden, daß derselbe ganz fein zerrieben ist, denn jedes kleine Körnchen in der Farbe ruft Kratzer und Rakelstreifen hervor. Alle Erdfarben wie Oker, Terra di Siena, Umbra (manganhaltiges Eisenerz), Veronesererde usw. müssen von vornherein ausscheiden, da auch mit Hilfe der besten Pulverisiereinrichtungen und Zerkleinerungsmaschinen keine so feine Farbe zu erhalten ist, daß der Kupferzylinder nicht beschädigt wird und das Bild nicht leidet. Aber auch die auf nassem chemischen Wege gewonnenen Mineralfarben, z. B. Zink-, Kobalt-, Zinnober-, Bleifarben usw., sind aus den eben angeführten Gründen nicht immer verwendbar, ebenso natürliche organische Farbstoffe, z. B. Blau- oder Rotholz, Kochenille. Auch schwefelhaltige Farben dürfen im Tiefdruck nicht verwandt werden, da der Schwefel mit dem Kupfer eine schwarze Kupferschwefelverbindung bildet, die in kurzer Zeit jeden Druck unmöglich macht. Am besten eignen sich die aus den Teerfarbstoffen gewonnenen Farblacke. Als Farblack bezeichnet man eine Körperfarbe, die hergestellt wird durch Fixieren eines Teerfarbstoffes auf einen meist ungefärbten, anorganischen oder mineralischen Körper, das Substrat. Im allgemeinen fällt man zuerst das Substrat, meist Tonerdehydrat. Der Farbstoff für Normalblau ist Miloriblau, für Normalrot roter Teerfarblack und für Normalgelb Echtgelblack. Braun erhält man, indem man fettlösliche Anilinfarbstoffe wie Typophorbraun oder Typophorrot je nach Nuancen mit Ruß und Verschnittweiß vermischt. Für die Schwarzfarben ist Ruß der beste Farbkörper, doch muß auch hierbei auf größte Feinheit geachtet werden.

b) Die Lösungsmittel und ihre Schädlichkeit.

Jede Druckfarbe setzt sich zusammen aus dem Farbkörper und dem Bindemittel. Während nun für den Tiefdruck mit obigen Einschränkungen solche Farbkörper genommen werden, die sich auch für Buchdruck und Offsetfarben eignen, mußten bei den Bindemitteln vollkommen neue Wege beschritten werden. An Stelle von Leinöl und Leinölfirnissen wurden nach langen Versuchen Kohlenwasserstoffe wie Benzol, Toluol, Xylol, Schwerbenzin (Öltiefdruckfarbe) oder Wasser (Wassertiefdruckfarbe) als am besten geeignet befunden. Im Anfang fand die Wassertiefdruckfarbe in Deutschland verhältnismäßig weite Verbreitung. Für die Druckerei hatte dieselbe insofern Vorteile, als man mit der Wassertiefdruckfarbe bis zu 10000 Druck in der Stunde machen kann, während man mit einer Öltiefdruckfarbe nur selten auf über 7000 Druck in der Stunde kommen wird. Ferner kommt der Druck durch die Ersparnis der Mineralöle auch etwas billiger, trotzdem man mehr Wassertiefdruckfarbe benötigt (wenn man für 1000 Druck 3 kg Öltiefdruckfarbe braucht, sind für die gleiche Menge etwa $4^1/_2$ kg Wassertiefdruckfarbe notwendig). Ein großer Nachteil der Wassertiefdruckfarbe ist ihre Wasserunechtheit, die sie z. B. auch für die Beilagen der in Wind und Wetter auf der Straße verkauften Zeitungen wenig brauchbar macht. Unter dem Druck der Käufer, die ausdrücklich Öltiefdruckfarbe verlangten, sahen sich daher die Druckereien genötigt, an Stelle der Wassertiefdruckfarbe die Öltiefdruckfarbe zu benutzen.

Zwei Nachteile hat nun die mit Benzol, Toluol und Xylol usw. hergestellte Farbe. Sie entwickelt schon bei verhältnismäßig geringer Temperatur stark riechende und unter Umständen gesundheitsgefährliche Dämpfe, und sie ist brennbar, ihr Dampfluftgemisch explosionsgefährlich. Von seiten der Drucker wurden wiederholt Klagen wegen gesundheitlicher Schädigungen erhoben. Es sei bemerkt, daß das bedruckte Papier nach der Verdunstung (also Trocknung) den Geruch kaum noch hat, so daß darunter lediglich die mit dem Druck oder in der Nähe der Druckmaschine beschäftigten Personen zu leiden haben. Abgesehen von der mittelbar schädlichen Wirkung üblen Geruchs dadurch, daß er Ekelgefühl, Appetitlosigkeit, Widerwillen gegen die Arbeit hervorrufen kann, wird auch die Gefahr unmittelbarer Schädigung für die mit den Farblösungen hantierenden oder im Bereich ihrer Dämpfe arbeitenden Drucker und Hilfsarbeiter nicht von der Hand gewiesen werden können. Die Eigenschaft der meist benutzten Kohlenwasserstoffe (Benzol, Xylol, Toluol), Fette zu lösen, ist bekannt. Sie greifen also die Haut an, machen sie spröde und für andere schädliche Einflüsse empfänglich, soweit sie nicht schon selbst, wenigstens bei besonders empfindlichen Naturen, Ekzeme hervorrufen.

Benzolvergiftungen sind in der Literatur mehrfach behandelt, Angaben über Toluol und Xylol sind sehr spärlich. Nach Teleky sind Xylol und Toluol nur in ihrer akuten Wirkung auf das Zentralnervensystem, nicht aber in ihrer chronischen auf die blutbereitenden Organe giftiger als Benzol; K. B. Lehmann nimmt für Toluol eine um $^2/_5$, für Xylol eine um $^1/_5$ stärkere Giftwirkung als für Benzol an.

In neuester Zeit hat Dr. Achilles Stoke in der Abteilung für Gewerbekrankheiten des Kaiserin-Augusta-Viktoria-Krankenhauses in Berlin (Dir. Arzt Dr. Ernst W. Baader) Untersuchungen über die akute Xylol- und Toluolvergiftung beim Tiefdruckverfahren angestellt und im Zentralblatt für Gewerbehygiene veröffentlicht. Danach rufen Toluol und Xylol in Tiefdruckbetrieben bei fast allen in diesen Räumen arbeitenden Personen mehr oder weniger starke Vergiftungserscheinungen hervor, die eine gründliche Entfernung der schädlichen Dämpfe unbedingt erforderlich machen. Auch bei guten Entlüftungsanlagen klagen empfindliche Arbeiter über allgemeine nervöse Beschwerden, Kopfschmerzen und Appetitlosigkeit. Sobald die Entlüftung ungenügend wird, steigern sich die Beschwerden so weit, daß sie bei fast allen Beschäftigten recht lästig werden. Abgesehen von Reizerscheinungen an den Schleimhäuten des Auges und der Atemwege treten dann häufiger und länger andauernde Kopfschmerzen auf, Schwindelgefühl, Schlaflosigkeit, Benommenheit im Kopfe und rauschähnliche Zustände. Ferner stellen sich mehrfach Magenbeschwerden ein in Form von Appetitlosigkeit und Magendruck; Herzklopfen und Herzstiche sind seltener, objektiv nachweisbare pathologische Veränderungen des Zentralnervensystems waren nicht feststellbar. Bei ungenügenden Entlüftungsanlagen kann sich aber auch das Bild einer wirklichen akuten Vergiftung entwickeln: es treten dann neben den Kopfschmerzen akute Rauschzustände, Übelkeit und Erbrechen auf, gelegentlich verbunden mit Störungen des Gleichgewichtssinnes und Verschwinden der Reflexe, doch sind auch in solchen Fällen nach Aussetzen der Arbeit dauernde Schädigungen bisher nicht einwandfrei festgestellt. Die oft langdauernden Ekzeme bei Tiefdruckarbeitern dürften wohl auf Hantieren mit dem terpentinhaltigen Walzenwaschmittel zurückzuführen sein.

Die Ausscheidung des vom Körper aufgenommenen Xylols geht offenbar ziemlich langsam vor sich und erfolgt zum größten Teil durch die Lunge, wie der noch tagelang nach Aussetzen der Arbeit deutlich wahrnehmbare aromatische Geruch der Ausatmungsluft beweist. Besonders bemerkenswert war die von einem erheblichen Teil der Xylolarbeiter angegebene ausgesprochene Überempfindlichkeit gegenüber Alkohol.

Vorsicht und Selbstbeobachtung des Tiefdruckarbeiters ist also am Platze, bei wirklicher Erkrankung auch ein Hinweis des Arztes auf die Möglichkeit einer Vergiftung durch Benzol, Toluol oder Xylol. Ebenso ist selbstverständlich zu fordern, daß alles versucht wird, die Gefahren zu vermeiden, sei es durch Verwendung anderer Lösungsmittel, wenn sie drucktechnisch dieselbe oder eine annähernd gleiche Wirkung haben, sei es durch Einschränkung des Hantierens mit Benzol usw. oder durch Beseitigung der entstehenden Dämpfe.

Wenn man eine Tiefdruckmaschine betrachtet, so sieht man, daß die Verdunstungsmöglichkeit auf einem verhältnismäßig großen Raum vorliegt, so daß die Anbringung einer Absaugvorrichtung schwierig ist. Die Verdunstung beginnt an dem offenen Farbbehälter, durch den die Druckwalze läuft und wird am stärksten in der Nähe der Trockenwalze. Für die Verdunstung der Lösungsmittel ergibt sich eine ganze Reihe von Verschiedenheiten je nach Druckfläche, Temperatur, Papierart, Tiefe der Ätzung und dergleichen. Bei Spezialarbeiten, z. B. ganzseitigen Bildern mit satten Farbtönen, erhöhen sich die Verdunstungsmengen erheblich, während sie bei dem Druck von Prospekten oft unter dem Durchschnitt liegen, den wir für die üblichen illustrierten Zeitungsbeilagen annehmen können. Die Verdunstung an Farblösungsmittel an einer Maschine beträgt für ein Farbwerk in der Stunde etwa $1/2 - 2$ kg. Da oft in zwei 8stündigen Schichten gearbeitet wird, bedeutet dies eine ziemlich starke Verunreinigung der Luft. Die bisher verwandten Lösungsmittel (Benzol, Toluol, Xylol usw.) werden größtenteils bei der trockenen Destillation der Steinkohle, wie sie in den Kokereien und Leuchtgasfabriken in größtem Maßstabe ausgeführt wird, aus dem dabei entstehenden Steinkohlenteer gewonnen. Dieser wird zur Trennung einer fraktionierten Destillation unterworfen, in der ersten Fraktion, die gewöhnlich bis $150°$ aufgefangen wird, sind die Kohlenwasserstoffe, Benzol, Toluol und Xylol neben Mesitylen, Pseudocumol usw. enthalten. Außer diesen Kohlenwasserstoffen sind darin Harze, Olefine, sowie auch basische und saure Bestandteile vorhanden. Das Destillat wird daher zunächst mit starker Schwefelsäure, hierauf mit Wasser und schließlich mit Natronlauge durchgeschüttelt und dadurch gereinigt. Das Leichtöl, wie man das Destillat bis $150°$ bezeichnet, wird nun durch eine Reihe von Destillationen in Kolonnenapparaten zerlegt und bei den in Tabelle 1 angegebenen Siedepunkten das Benzol, Toluol und Xylol aufgefangen. Im Handelsverkehr zeigen diese Lösungsmittel in ihrer Reinheit große

Unterschiede. So versteht man z. B. im Handel unter Benzol nicht nur die Verbindung C_6H_6 in reinem oder annähernd reinem Zustande, sondern dieser Name hat sich auch auf Gemische aller flüssigen Teerkohlenwasserstoffe, die unter 150° sieden, übertragen. Man belegt also nicht nur das Reinbenzol bzw. das sogenannte 80 81er Benzol, das zwischen 80° und 81° überdestilliert mit diesem Namen, sondern man spricht auch von 90er Benzol, von dem bis 100° 90 vH übergehen und das ungefähr 81—84 vH C_6H_6 enthält, von 50er Benzol, das bis 100° zu 50 vH übergeht und ungefähr 43—45 vH C_6H_6 neben etwa 40 vH Toluol und 12 vH Xylol enthält usw. Bei den Lösungsmitteln für Tiefdruckfarben hat sich nun gezeigt, daß sie nochmals einer besonderen Reinigung unterworfen werden müssen, die im allgemeinen in einer Wiederholung des bereits oben angeführten Verfahrens besteht, und daß diese Reinigung eine gewisse Rolle für die Verminderung der Gesundheitsgefahren der Lösemittel spielt. Bewährt hat sich dabei ein Durchleiten des Lösungsmittels durch Behälter, in denen Kupferplatten aufgehängt sind, um so noch geringe Mengen Schwefel und andere Stoffe, die auch den Kupferzylindern in der Druckmaschine schaden können, niederzuschlagen. Es sei schon hier erwähnt, daß die Dämpfe der Tiefdrucklösungsmittel schwerer als die Luft sind und daher das Bestreben haben nach unten abzuziehen.

Tabelle 1.

	Formel	Mol.-Gew.	Dichte	Siedepunkt	Flammpunkt
Benzol . .	C_6H_6	78	d. 20/4 = 0,8736	80—81°	−8°
Toluol . .	$C_6H_5CH_3$	92	d. 20/4 = 0,8845	109—110°	+7°
Xylol . .	$C_6H_4(CH_3)_2$	106	d. 20/4 = 0,8642	139°	+23°

Die Druckfarbenfabrik Gebr. Hartmann in Ammendorf bei Halle a. S. unternahm in ihrem Laboratorium und in ihrer Versuchsdruckerei größere Versuche, gesundheitsgefährliche Lösungsmittel durch andere zu ersetzen. Dabei war es zunächst notwendig, daß die neuen Lösungsmittel die Rohstoffe, die zur Herstellung der Farben benötigt werden, gut lösten. Bei der Auswahl der vorhandenen zahlreichen Lösungsmittel zeigte es sich, daß nur ganz wenige in Frage kommen. Es war aber fernerhin von großer Wichtigkeit, bei den Lösungsmitteln den Siedepunkt zu beachten, denn es ist bekannt, daß die Tiefdruckfarbe schnell trocknen muß, und zwar bei der Rotationstiefdruckmaschine für Rolle schneller als bei einer solchen für Bogenanlage. Je höher der Siedepunkt liegt, desto langsamer erfolgt die Trocknung, und umgekehrt darf auch der Siedepunkt nicht zu niedrig liegen, da sonst die Trocknung schon auf der Kupferwalze erfolgt und das Bild beeinträchtigt, also auch wieder eine starke Begrenzung der für die Versuche in Frage kommenden Lösungsmittel. Daneben ist jedoch auch weiterhin noch erforderlich, die Verdunstungsgeschwindigkeit zu beachten. Man stellt sie fest, indem man die Zeit beobachtet, die notwendig ist zum restlosen Verdunsten einer bestimmten Menge eines Lösungsmittels, die auf ein Blatt Filtrierpapier geträufelt wird. Es hat sich dabei gezeigt, daß die Verdunstungsgeschwindigkeit nicht immer proportional der Höhe des Siedepunktes ist, und gerade sie spielt bei dem Trocknungsprozeß der Tiefdruckfarben eine ganz bedeutende Rolle. Bei der Messung der Verdunstungsgeschwindigkeit muß man natürlich die Außentemperatur und den Gehalt der Luft an Feuchtigkeit beachten. Wir sehen schon aus diesen Angaben, wieviel verschiedene Faktoren bei der Auswahl eines Lösungsmittels beachtet werden müssen, und wie schwierig und umfangreich sich diese Versuche gestalten.

Im Handel befinden sich vielfach Lösungsmittel unter Phantasienamen, z. B. Bornylan, Zitza (anscheinend vorwiegend Braunkohlenbenzine), Puroform, das geringere narkotische Wirkung als Benzol hat, dafür aber nach Aussage von Druckern die Hände angreifen soll, Depanol, Perolin. Perolin 3D (Hauptbestandteil eine Mischung von Xylol und Chlorbenzol) usw. aber ein Mittel, das allen Ansprüchen in bezug auf physiologische Wirkung gerecht wird, ist nicht darunter. Auch Lösungsmittel wie Tetralin, Butanol, Isobutylalkohol, der zu langsam trocknet, und Cyklohexan, das zu schnell trocknet, haben sich nicht bewährt.

Tabelle 2.

	Siedepunkt	Flammpunkt
Butanol	114—116°	34°
Isobutylalkohol	104—107°	22°
Thamasol I N	110—130°	17°
„ II	127—160°	31°
„ III	144—183°	42°
Depanol I	165—200°	62°
Mittel L 30	165—200°	57°

Gleichzeitig wurde auch versucht, um die Feuergefährlichkeit zu vermeiden, ein geeignetes, nichtbrennbares oder schwer brennbares Lösungsmittel zu finden. Bei der Untersuchung solcher Lösungsmittel ist es notwendig, den Flammpunkt zu beachten. Man versteht unter Flammpunkt diejenige Temperatur, bei der ein kleines Zündflämmchen, in unmittelbare Nähe einer verdunstenden Flüssigkeit gebracht, das blitzartige Auftreten einer größeren Flamme, die sich über die ganze Oberfläche der Flüssigkeit ausdehnt, bewirkt, und zwar auch dann, wenn das in vielen Fällen durch die Entflammung verursachte Erlöschen des Zündflämmchens nicht eintritt. Der Flammpunkt kennzeichnet also die Feuergefährlichkeit eines Lösungsmittels. Es sind natürlich vor allem die Lösungsmittel mit niederem Siedepunkt und niederem Flammpunkt, die sowohl als Flüssigkeit als auch in Dampfform mit Luft gemischt, zur Entzündung neigen. Aber auch bei der Verwendung von höher siedenden Lösungsmitteln mit höherem Flammpunkt kann sowohl durch eine offene Flamme als auch durch elektrische Funken eine Entzündung vorkommen. Bei einem Vergleich der Flammpunkte in Tabelle 1 sehen wir, daß das Benzol am feuergefährlichsten ist, während das Xylol erst bei einer verhältnismäßig hohen Temperatur (Zimmertemperatur ist gewöhnlich 18°) zur Entzündung kommt. Es wurden Versuche mit folgenden nichtbrennbaren Lösungsmitteln unternommen:

Tabelle 3.

	Formel	Mol.-Gew.	Siedepunkt
Chlorbenzol	C_6H_5Cl	112,4	$+132^0$
Trichloräthylen	C_2HCl_3	131,4	$+86^0$
Tetrachlorkohlenstoff	CCl_4	153,8	$+76^0$

Überraschenderweise ließen sich die in Tabelle 3 angeführten Lösungsmittel (vor allem Chlorbenzol) verhältnismäßig gut verdrucken, es kann aber keinem Zweifel unterliegen, daß diese Lösungsmittel wesentlich gesundheitsschädlicher als die früher genannten Kohlenwasserstoffe sind. Bei den im Handel vorkommenden, als nichtbrennbar angepriesenen Lösungsmitteln ist daher größte Vorsicht am Platze, da sie fast immer gechlorte Kohlenwasserstoffe als wesentliche Bestandteile haben. Es muß also leider festgestellt werden, daß trotz aller Versuche mit den verschiedensten Lösungsmitteln bis jetzt ein drucktechnisch und zugleich gewerbehygienisch einwandfreies noch nicht gefunden ist. Die Versuche sind außerordentlich schwierig, sie sollen aber fortgeführt werden und bringen vielleicht doch noch ein den doppelten Ansprüchen genügendes Lösungsmittel zutage. Neben diesen Versuchen muß weiter geprüft werden, welche Verunreinigungen in den handelsüblichen bisher verwendeten Kohlenwasserstoffen vorhanden sind, welche schädliche Wirkungen diese Verunreinigungen im einzelnen haben, und welche Mittel zu ihrer Ausscheidung zur Verfügung stehen. Es scheint, daß auf diesem Wege sowohl dem Benzol wie auch dem Toluol und Xylol ein wenn auch vielleicht nicht ausschlaggebender Teil ihrer Schädlichkeit genommen werden kann.

Andere Wege und Möglichkeiten erschließen sich auf dem Gebiete des Tiefdruckes jedoch durch die in neuester Zeit geplante Einführung von Farben, die auf der Basis von Zelluloseestern bzw. -äthern, insbesondere von Nitrozellulose hergestellt sind. Diese neuen Grundsubstanzen, die als Farbbindemittel in Verbindung mit Weichhaltungsmitteln und gegebenenfalls auch Harzen auf dem Lackgebiet bereits von grundlegender Wichtigkeit geworden sind, werden auch für den Tiefdruck wachsende Bedeutung gewinnen. Als Lösungsmittel für Zelluloseester und -äther und insbesondere für Nitrozellulose kommen im allgemeinen Ester und Äther der aliphatischen Alkohole und auch einzelne Ketone in Betracht, Produkte, die größtenteils von der I. G. Farbenindustrie hergestellt werden. Diese Stoffe haben zwar eine relativ geringere Wirkung in gesundheitlicher Beziehung, eine Einatmung größerer Mengen dieser Produkte kann aber doch zu Unzuträglichkeiten führen. Bei der Herstellung von Tiefdruckfarben, bei deren Verarbeitung eine restlose Beseitigung der Farbdämpfe wesentlich schwieriger ist als etwa beim Spritzverfahren, wäre auf der Basis von Zelluloseestern und -äthern mit den genannten Lösungsmitteln in hygienischer Beziehung noch kein genügender Fortschritt gegenüber den früheren Produkten zu erzielen. Für das Sondergebiet des Tiefdruckes wird man daher nur solche Zelluloseester oder -äther als Farbbindemittel benutzen, die auf Grund ihrer besonderen Herstellungsweise gestatten, als Lösungsmittel in der Hauptsache Spiritus zu verwenden, der nur noch sehr geringe Zusätze der vorher genannten Lösungsmittel zu enthalten braucht. Die so herstellbaren Zelluloseester bzw. Ätherlösungen können leicht mit den üblichen Farbstoffen zu brauchbaren Tiefdruckfarben angerieben werden und lassen sich in gleicher Weise wie die seitherigen Farben auf denselben Maschinen, ohne eine Änderung erforderlich zu machen, verarbeiten.

Man wird zwar auch hierbei auf die üblichen Absaugevorrichtungen beim Mischen, Drucken und Trocknen der Zellulosefarben nicht ganz verzichten können, immerhin aber wird man bei Beachtung der selbstverständlichen Vorsichtsmaßregeln bei der Verarbeitung dieser Farben eine Belästigung oder Schädigung der Arbeiter in gesundheitlicher Beziehung nicht zu befürchten haben. Inwieweit sich diese neuen Tiefdruckfarben ganz allgemein einführen werden, bleibt abzuwarten. Jedenfalls werden sie infolge ihrer besonderen Vorzüge, unter denen vornehmlich die Leuchtkraft und Lichtechtheit der Farben auch bei hellsten Tönen, ihre Wasserbeständigkeit und insbesondere Haftfestigkeit auf den verschiedensten Unterlagen gerühmt werden, trotz ihres höheren Preises gegenüber den alten Farben Liebhaber finden. Besonders auf dem Gebiete des Foliendruckes auf Metall, Zelluloid, Zellophan usw. wird mit einer baldigen Einführung der Zellulosefarben zu rechnen sein, wodurch die Verwendung der gesundheitsschädlichen Kohlenwasserstoffe eine gewisse Einschränkung in Kürze erfahren dürfte.

Solange jedoch ein gesundheitlich ganz unbedenkliches Lösungsmittel nicht gefunden ist, wird man bei der Bekämpfung der Gesundheitsgefahren das Hauptaugenmerk auf eine möglichst geringe Entwicklung von Dämpfen und ihre gründliche Abführung legen müssen.

4. Die Entwicklung schädlicher Dämpfe und ihre Beseitigung.
a) Beim Mischen und Aufbringen der Farblösung.

Wenn man überlegt, daß eine Tiefdruckrotationsmaschine — nur der Rotationsbetrieb, als der gefährlichere soll in folgendem berücksichtigt werden — in der Stunde bis zu 7000 Druck liefert, beiderseitig bedruckt, und daß sich demnach bei einem Kupferzylinderumfang von über 1 m eine Geschwindigkeit des Papiers von über 2 m in der Sekunde ergibt, so kann man ermessen, daß für das Trocknen der auf dem Papiere aufgetragenen Farbe nur wenige Sekunden übrig bleiben, wenn man nicht die Länge des Papierstrangs unverhältnismäßig groß machen will, was sich schon aus drucktechnischen, aber auch maschinen- und raumtechnischen Gründen verbietet. Darin liegt also die Notwendigkeit der Flüchtigkeit der Farblösungsmittel begründet. In dem Vorhergegangenen mußte leider die Feststellung gemacht werden, daß es in absehbarer Zeit kaum gelingen wird, vollkommen unschädliche Lösungsmittel zu finden. Deshalb sind wir gezwungen, notgedrungen uns mit dieser Sachlage abfindend, auf Maßnahmen zu sinnen, die schädlichen Einwirkungen der Lösungsmittel nach Möglichkeit zu verhüten; als nächstliegendste, zunächst Maßnahmen, um eine unmittelbare Einwirkung der Lösungsmittel auszuschalten, die schon beim Mischen der Farbe eintreten kann. Die Tiefdruckfarbe wird gewöhnlich in dickflüssigem Zustande von den Farbenfabriken bezogen und erst in der Druckerei durch Zusetzen des leichtverdunstenden Lösungsmittels dünnflüssig gemacht. Dünnflüssig auch schon deswegen, weil das Rakelmesser nur solche Farben in vollkommener Weise von dem Kupferzylinder abschaben kann, während es bei dicken, zähen Farben Schwierigkeiten macht. Das Zusetzen von Lösungsmitteln geschieht noch vielfach von Hand in Kannen oder offenen Bottichen unter gründlichem Umrühren mittels Holzstab, wobei starke Spritzer auf Hand, Unterarm und Kleidung nicht ausbleiben. Gummihandschuhe werden dabei ihre Wirksamkeit verfehlen, da sie von den Kohlenwasserstoffen angegriffen werden, aber nachheriges Einfetten der Haut ist zu empfehlen. Es leuchtet ein, daß bei dem Gießen und Umrühren auch die Entwicklung von Benzol-, Xylol-, Toluoldämpfen kaum zu vermeiden ist, die den Bedienenden gefährden, zumal, wenn er sein Gesicht dabei recht nahe an den Mischbottich heranbringt. Einige Betriebe haben sich daher besondere, geschlossene Mischvorrichtungen konstruiert, die diesen Übelstand mehr oder minder ausschalten.

Die mit dem Lösungsmittel verdünnte Farbe muß dann in die Farbkästen der Maschine gebracht werden. Dies geschieht meist auch von Hand mit Kannen. Weiterhin muß das leicht verdunstende Lösungsmittel während des Arbeitsganges des öfteren in den Farbkasten nachgegossen werden, wobei ebenfalls wieder ein Umrühren mittels Holzstab oder dergleichen stattfindet.

Diese Arbeitsweise läßt allerdings nicht zu, daß der Farbkasten sich eng an den Kupferzylinder anschmiegt, was unbedingt wünschenswert wäre, damit dem Farbgemisch eine möglichst geringe freie Oberfläche zum Verdunsten geboten würde. Immerhin kann man sich des Eindrucks nicht erwehren, als ob die Form des Farbkastens oft weiter als notwendig ausladet. Die breiten Wannen können ohne praktische Schwierigkeit bedeutend schmäler gehalten werden. Das Einsetzen kleinerer Kästen für das Drucken kleiner Auflagen würde der Farbeersparnis wegen und auch in gesundheitlicher Beziehung vorteilhaft sein. Das Drucken kleiner Auflagen auf Tiefdruckmaschinen wird aber praktisch sehr wenig vorkommen, so daß sich die Anschaffung von Einsatzkästen nicht einführen kann. Die Verringerung der freien Oberfläche des Farbgemisches ist jedenfalls wirkungsvoller als die Abdeckung des Farbkastens, die hin und wieder gefunden wird und die die Verdunstung an sich nicht verhindert, aber die Dünste zusammenzuhalten imstande ist. Vollkommen ist aber eine derartige Abdeckung nur, wenn eine Abzugsvorrichtung damit verbunden ist. Eine solche darf jedoch nicht stark saugend wirken, sonst wäre sie sowohl unwirtschaftlich — durch den entstehenden Unterdruck wird die Verdunstung der entstehenden Lösungsmittel bedeutend verstärkt — als auch drucktechnisch bedenklich, weil sich die Konzentration der Farblösung dauernd ändern würde, ein häufiges Nachfüllen des Lösungsmittels und Umrühren aber durchaus unerwünscht ist.

Die in Skizze 7 angedeutete Erfindung des Herrn Schlesinger-Spoerl, Berlin, stellt eine Verbesserung dar. Der Farbkasten fällt weg. Durch ein Rohr mit Düsenquerschnitt wird das Farbgemisch auf eine schnelllaufende Massewalze gebracht und von dieser an dem entgegengesetzt laufenden Kupferzylinder entlang geführt, bis zwischen der Massewalze, dem Kupferzylinder und einer mit beiden laufenden anderen Massewalze die Farbe gestaut und gegen den Kupferzylinder gepreßt wird, diesen gut einfärbend. Die Walzen und Zylinder sind seitlich gedichtet. Durch zweckmäßigere Gestaltung des Düsenrohres könnte die freie Oberfläche der Farbe noch verringert werden.

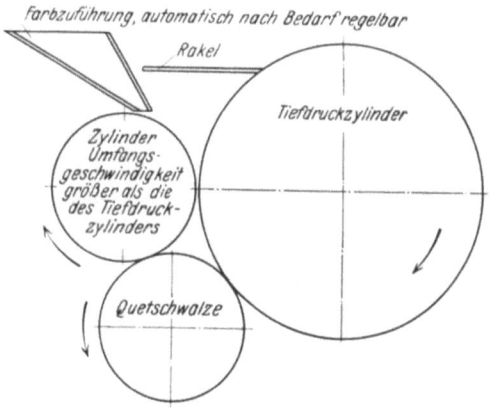

Abb. 7. Farbzuführung nach Schlesinger-Spoerl.

In anderer Weise vermeidet die Übelstände eine Farbmischungs- und Beschickungsanlage, die sich zuerst der Betrieb Gebrüder Bauer, Mannheim, eingerichtet hat,

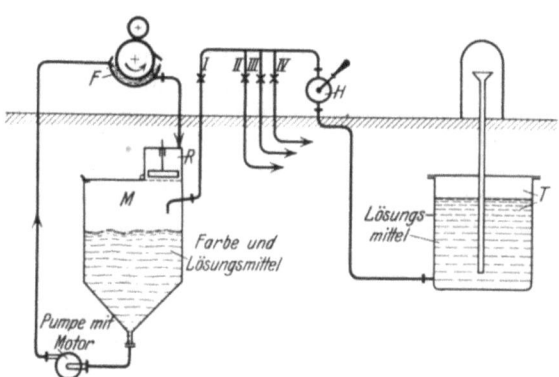

Abb. 8. Schema einer Misch- und Beschickungsvorrichtung für eine Vierfarben-Rotationsmaschine.

und die inzwischen der M. A. N. patentiert ist; sie sei im nachfolgenden des näheren beschrieben.

Es handelt sich um eine Vierfarben-Rotationsmaschine; wie das nebenstehende Schema (Abb. 8) zeigt, ist für jedes Werk eine geschlossene Mischvorrichtung „M" vorhanden, von der mittels Motorpumpe dauernd das Farbgemisch in die Farbkästen „F" gebracht wird, von denen sie ständig wieder zur Mischvorrichtung „M" zurückfließt, und zwar durch ein Reinigungssieb mit Abstreifer. Der Farbkasten „F" schmiegt sich dem Kupferzylinder ganz dicht an, so daß die denkbar geringste Oberfläche zum Verdunsten der Farbe vorhanden ist. Die Mischvorrichtung hat eine festschließende Einschüttöffnung, in die die von der Fabrik bezogene Farbe eingegossen wird, während das Lösungsmittel aus einer besonderen Tankanlage „T" mittels Handpumpe „H" nach Bedarf den vier Mischvorrichtungen zugeführt wird. Sowohl die Mischung der Farbe als auch die Beschickung der Farbkästen geschieht demnach mechanisch und in abgeschlossenen Gefäßen oder Röhren; auch die Form der Farbkästen kann, da ein Umrühren nicht erforderlich ist, bedeutend günstigere, gefahrlosere Abmessungen erhalten. Die Vorteile in hygienischer Beziehung liegen auf der Hand, aber auch der wirtschaftliche Nutzen durch bequemere Bedienungsweise, feinere Einregulierung der Farbmischung, geringere Verdunstung des Lösungsmittels im Farbkasten ist nicht zu unterschätzen, insbesondere solange nicht häufiger Farbenwechsel Schwierigkeiten herbeiführt. — Eine derartige Misch- und Beschickungsvorrichtung erspart aber auch eine andere kostspielige Einrichtung am Farbkasten, die man an vielen Maschinen, besonders am Widerdruck bzw. Mehrfarbenzylinder anzubringen sich gezwungen sah, nämlich die Wasserkühlung des als Hohlkörper ausgebildeten Farbkastens.

b) Beim Trocknen des Druckes.

Der Papierstrang läuft, nachdem er einseitig gedruckt ist, über eine Heiztrommel oder über Heizschlangen bzw. Heizplatten, die den Zweck haben, die Farbe schnell zu trocknen. Dabei nimmt er naturgemäß beträchtliche Wärme auf, die er bei dem zweiten oder mehrfachen Druck dem Kupferzylinder, der ihm den Druck gibt, mitteilt. Dieser Kupferzylinder gibt wieder beim Eintauchen in den Farbkasten die Wärme an die Farbe ab. Da der Vorgang fortdauernd während des ganzen Arbeitsganges anhält, reichert sich in der Farbe des Farbkastens Wärme an, die eine starke Verdunstung an einer Stelle hervorruft, an der sie nicht gewünscht wird, denn es ist höchst unwirtschaftlich und verschwenderisch, wenn die Farbe im Farbkasten, ohne ihre Aufgabe erfüllt zu haben, verdunstet, abgesehen davon, daß gerade an dieser Stelle die Absaugung der schädlichen Dünste nicht einfach ist. Man hat daher die Farbkästen als Hohlkörper ausgebildet, in die Kühlwasser geleitet wird. Es ist einzusehen, daß eine derartige Kühlung bei der oben beschriebenen Misch- und Beschickungsvorrichtung nicht unbedingt nötig ist, da der ständige Kreislauf im Rohrsystem durch die Mischvorrichtung für Abkühlung sorgt.

Man hat die Erwärmung der Farbe im Farbkasten auch dadurch zu mindern versucht, daß man hinter die Trockenvorrichtung Kühlwalzen einbaute, die den heißen Papierstrang abkühlen ehe er in das nächste Druckwerk einläuft. Diese Kühlwalzen können so energisch wirken, daß sich eine besondere Kühlung der Farbkästen erübrigt. Auch die Anordnung einer Fabrik, den Kupferzylinder nicht unmittelbar in den

Farbkasten tauchen zu lassen, sondern die Farbe durch das Zwischenschalten einer Plüschwalze auf den Zylinder zu übertragen, muß ebenfalls dazu beitragen, daß die Wärme des Papierstrangs in geringerem Maße von der Farbe im Farbkasten aufgenommen wird. Es ist daher mehrfach in der Praxis beobachtet, daß die von der Lieferfirma vorgesehene Farbkastenkühlvorrichtungen nicht benutzt werden, weil man sie im Betrieb nicht für nötig erachtet. Wärmemessungen in den Farbkästen ergaben folgende Werte:

1. Bei 15⁰ Raumtemperatur wurde bei dauerndem Betrieb
   im Druckwerk I 14⁰
   ,, ,, II 21⁰
   ,, ,, III 21,5⁰

gemessen. Hier war hinter den Heiztrommeln je eine Kühlwalze vorhanden, desgleichen geschah das Farbeauftragen durch eine Plüschwalze.

2. Bei 16⁰ Raumtemperatur hatte Werk I 13,5⁰, Werk II 15⁰. Hier war eine Plüschwalze nicht vorhanden, jedoch jeweils zwei Kühlwalzen eingeschaltet.

3. Bei 18,5⁰ Raumtemperatur hatte Werk I 17,5⁰, Werk II 21⁰ ohne Plüschwalze, jedoch mit Kühlwalzen.

4. Früh 7 Uhr beim Einfüllen 17⁰; um 11 Uhr Werk I 19⁰; II 21⁰; um 16 Uhr Werk I 21⁰; II 23⁰.

Die vorgenannten Messungen geschahen an Farbkästen ohne Wasserkühlvorrichtung.

Bei gekühltem Farbkasten wurde bei einer Raumtemperatur von 18⁰ eine Farbtemperatur von 16,5⁰ gemessen.

Die Messungen lassen erkennen, daß eine Farbkastenkühlung unbedingt wirksam ist, ihre Anordnung demnach da, wo im Farbkasten der Widerdruck- oder Mehrfarbenzylinder erhöhte Temperaturen gemessen werden, empfehlenswert ist, daß es aber scheint, als ob man im allgemeinen mit stark gekühlten Walzen, die den getrockneten Papierstrang abkühlen, auskommt, zumal wenn für den Trockenprozeß nicht allzu hohe Temperaturen benutzt werden. Man sollte aber auf alle Fälle versuchen, die Farbtemperaturen nicht über 18⁰ steigen zu lassen.

Ein wunder Punkt des Tiefdruckverfahrens ist der Heiztrocknungsprozeß. Sobald die Farbe auf dem Kupferzylinder, der, wie in einem früheren Abschnitt geschildert, vertieft das Druckbild trägt, aufgetragen, vom Rakelmesser, soweit sie überflüssig ist, abgeschabt und von dem auf den Kupferzylinder durch den Druckzylinder angepreßten Papierstrang aufgesaugt ist, muß schleunigst ihre Trocknung erfolgen. Zum kleinsten Teil beginnt sie schon vor dem Druck. Gleich über dem Rakelmesser ist bei einigen Konstruktionen eine Blasvorrichtung angebracht, die besonders an den nichtdruckenden Stellen, über die z. B. die Bogenränder laufen, den Kupferzylinder trocken bläst, was zur Erzielung eines sauberen Druckes vorteilhaft ist. Sobald der Druck erfolgt ist, muß für beschleunigte Trocknung des eingefärbten Papierstranges Sorge getragen werden, da sonst beim Bedrucken der Rückseite oder an anderen Stellen der gleichen Seite mit anderen Farben auf weiteren Walzen der Druck schmieren würde. Der Papierstrang wird über große Trommeln und Heizschlangen geführt, bei einer anderen Bauart über Heizplatten. Die meist mit einem Kupfermantel versehenen Trommeln werden mit Heißdampf oder Elektrizität geheizt oder es wird von innen heraus vorgewärmte Luft geblasen. Die Heizschlangen werden mit Dampf gespeist, während die gußeisernen Heizplatten meist elektrisch erhitzt werden. Über die zur schnellen Trocknung notwendigen Temperaturen gehen die Ansichten in der Praxis weit auseinander. Man heizt gewöhnlich mit rund 120°, geht aber auch bis zu 220°; andere aber benötigen nur eine Hitze von rund 50° und darunter, ohne damit in ihrer Druckleistung beeinträchtigt zu werden; sie können dies, wenn sie den Trocknungsprozeß durch ein sachgemäßes, kräftiges Anblasen und

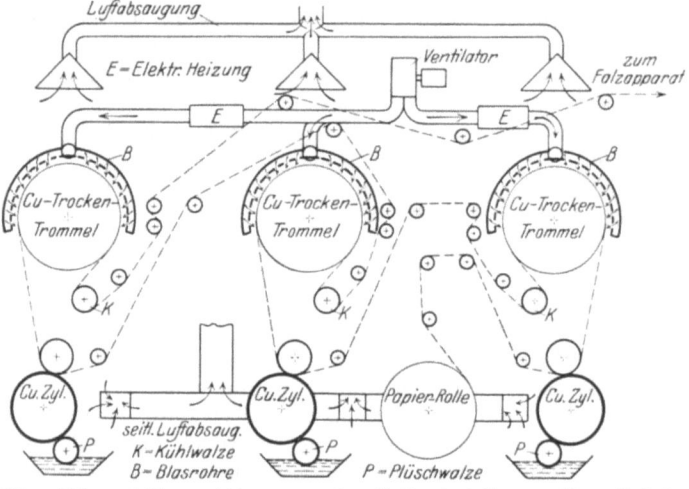

Abb. 9. Heiz- und Blasvorrichtungen an einer Tiefdruckrotationsmaschine mit drei Druckwerken der Maschinenfabrik Augsburg-Nürnberg.

gutes Absaugen unterstützen. Die Vermeidung hoher Temperatur für die Trocknung verbessert die Güte des Druckes durch erhöhten Glanz, sie ist vor allem aber zur Verhütung von Bränden, die im nächsten Abschnitt besprochen werden sollen, so wichtig, daß ein jeder Betrieb schon deshalb nichts unversucht lassen sollte, um mit geringer Temperatur auszukommen.

Die Anordnung der erwähnten Heiz- und Blasvorrichtungen sei hier des leichteren Verständnisses wegen schematisch wiedergegeben: Abb. 9 zeigt eine Tiefdruckrotationsmaschine der Maschinenfabrik Augsburg-Nürnberg mit drei Druckwerken (mehrfarbig). Die Einfärbung der Kupferzylinder erfolgt mittels Plüschwalze. Der Papierstrang läuft, sobald er den Druckzylinder verlassen, über eine große Trockentrommel, diese beinahe ganz umschließend, also möglichst lange ihrer Einwirkung ausgesetzt. Die Trockentrommel wird greiferartig (Abb. 10) von Blasröhren umfaßt, im wiedergegebenen Falle von sieben Paar, die auf den eingefärbten Papierstrang vorgewärmte Frischluft blasen. Hierbei wird die Verdunstung des Lösungsmittels beschleunigt und die Farbe ge-

Abb. 10. Trockentrommel mit Blasröhren.

trocknet. Unmittelbar nach Verlassen der Trockentrommel läuft das Papier über eine Kühlwalze, um dem nächsten Druckwerk zugeführt zu

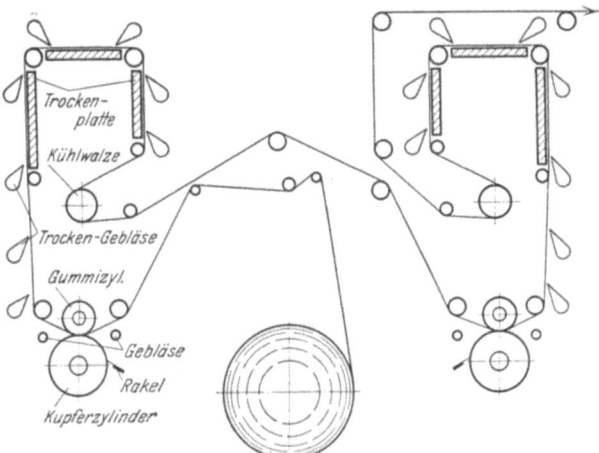

Abb. 11. Heiz- und Blasvorrichtungen an einer Frankenthaler Maschine mit zwei Druckwerken.

werden, bei dem die gleichen Vorgänge wie beim ersten sich wiederholen. Die angedeutete Entlüftung ist oberhalb der Heiztrommel und neben dem Farbkasten angebracht.

Eine andere Anordnung (Abb. 11) gibt eine Frankenthaler Rotationsmaschine mit zwei Druckwerken wieder. Wir sehen zwischen Rakel und der Druckstelle die früher erwähnte Blasvorrichtung zur Trocknung bestimmter Stellen auf dem Kupferzylinder vor dem Druck angedeutet. Gleich hinter dem Druck wird ebenfalls warme Frischluft auf den Papierstrang geblasen. Statt der Trockentrommeln sind hier je drei Heizplatten angeordnet. Auf den darüberlaufenden Papierstrang sind gegen den Papierlauf gerichtet Blasdüsen angeordnet. Nach der dritten Heizplatte läuft das Papier über eine Kühlwalze zum zweiten Werk, wo sich dieselben Vorgänge wiederholen. Eine oberflächliche Betrachtung läßt erkennen, daß die Plattenheizung bequemere Papierführung zuläßt, das Papier kommt auch mit dem Heizkörper selbst nicht in Berührung. Andererseits ist nicht von der Hand zu weisen, daß die Heizplatten eine viel größere

Abb. 12. Auswechseln der Gebläsedüsen an der „Albert"-Mehrfarben-Tiefdruckrotationsmaschine.

Oberfläche zur Verdunstung des Farblösungsmittels und damit auch verzweigte Absaugevorrichtungen nötig machen, denn die vor allem an den Trocknungsvorrichtungen entstehenden Farbdämpfe müssen unbedingt und möglichst restlos abgesaugt werden, um die die Maschine Bedienenden nicht zu gefährden. Die Abb. 12 zeigt die zweckmäßige Anordnung der auswechselbaren Blasdüsen.

Abb. 13 stellt eine Be- und Entlüftungsanlage einer Koenig & Bauer-Maschine dar. Bei der Papierführung sehen wir, daß der Papierstrang sofort nach dem Druck zur Heiztrommel geht und von dort über eine Kühlwalze zum Widerdruck. Es sei hinzugefügt, daß diese Firma auch Heizschlangen vor den Heiztrommeln parallel zum Papierstrang unter

Die Entwicklung schädlicher Dämpfe und ihre Beseitigung. 23

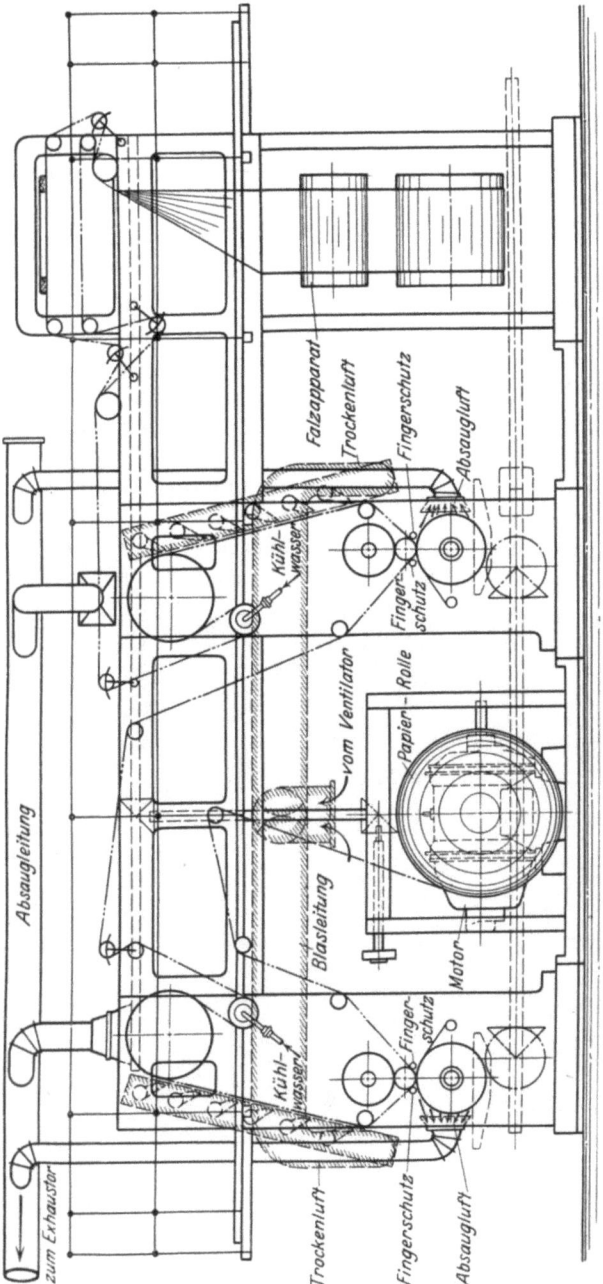

Abb. 13. Schema einer Be- und Entlüftungsanlage der Maschinenfabrik König & Bauer, Würzburg.

24 Die Entwicklung schädlicher Dämpfe und ihre Beseitigung.

demselben anordnet, die teilweise die Trocknung allein besorgen, teils mit dem Heizzylinder zusammen. Der Kupferzylinder taucht direkt in die Farbe ein. Die Absaugung ist angeordnet oberhalb der Farbkästen an beiden Enden der Kupferzylinder wirkend, der Rakelseite gegenüber, ferner oberhalb der Heiztrommeln, beim Schöndruck in der Mitte, beim Widerdruck seitlich wirkend. Blasvorrichtungen sind vor den Heiztrommeln angebracht. Es wird über die ganze Breite der Heiztrommeln in sechs Schuten, Röhren, an denen düsenartige Schlitze angebracht sind, Frischluft geblasen. Zum Anblasen des Papierstrangs dürften diese Schuten, wie sie obenstehende, von der Firma Berk & Nowka zur Verfügung gestellte Abb. 14 deutlicher wiedergibt, am zweckmäßigsten sein

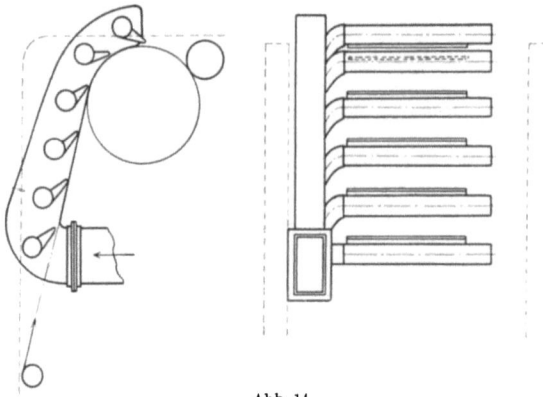

Abb. 14.
Schuten zum Anblasen des Papierstranges der Firma Berk & Nowka. Berlin-Tempelhof.

Abb. 15. Absaugevorrichtung für Farbkastendämpfe.

Bei der konstruktiven Ausbildung der Absaugvorrichtungen herrscht die größte Verschiedenartigkeit und Systemlosigkeit. Für die Absaugung der Farbkastendämpfe sind neben einfachen, danebenhängenden Schlauchröhren, deren offenes Ende noch nicht einmal dem Farbkasten zugebogen ist, Röhren mit großen Saugstutzen an beiden Zylinderenden gebräuchlich (Abb. 15).

Auch hat sich ein Schlitzrohr unterhalb des Farbkastens (Abb. 16 für eine Bogentiefdruckpresse), über dessen ganze Länge angebracht, bewährt. Einige haben dieses Schlitzrohr direkt am Fußboden unterhalb des Farbkastens laufen lassen (Abb. 17). Auf jeden Fall darf der Absaugstutzen nicht direkt in den Farbkasten hineingehängt werden, da dann, wie schon oben hervorgehoben, durch den entstehenden Unterdruck sowohl der Verbrauch der Lösungsmittel als auch durch die Konzentration der Dünste die Brandgefahr übermäßig gesteigert wird.

Abb. 16. Absaugung unterhalb des Farbkastens einer Bogentiefdruckpresse.

In allen Abzweigen der Saugleitung, vor allem aber an der Farbkastenabsaugung sollte man Drosselklappen oder Schieber einbauen, damit die Saugwirkung verändert werden kann.

Die Absaugung über den Heizzylindern oder Heizplatten gestaltet sich nicht einfach, da große Verdunstungsoberflächen in Frage kommen. Bei den Heizzylindern sind die großen Absaugehauben darüber möglichst nahe an die Zylinder heranzubringen. Bei den Heizplatten mit Blasvorrichtungen ist dicht gegenüber der Blasdüse auch eine Saugdüse anzubringen.

Die wirtschaftlichste Trocknung des Papierstranges ist jedenfalls die ohne Heiztrommeln, Schlangen oder Platten. Bei all diesen Heizvorrichtungen wird das Papier an der nicht eingefärbten Seite geheizt, bei dem schlechten Wärmeleiter Papier ein unwirtschaftlicher Wärmeaufwand. Einfacher wäre folgende Anordnung: Mit Schuten wird über die ganze Breite des Papiers in tangentialer Richtung und entgegengesetzt dem Papierlauf kräftig vorgewärmte Luft geblasen, wodurch die Farbdünste aufgewirbelt werden. Kurz vor und etwas über dieser Blasvorrichtung wird eine der Blasschute ähnliche, nur mit weiterer Öffnung versehene Absaugröhre angebracht, die die aufgewirbelten Dämpfe abführt. Derartige Trocknungs- und Absaugevorrichtungen sind paar-

Abb. 17. Absaugrohr unterhalb des Farbkastens.

weise in der notwendigen Zahl über den ganzen Papierstrang zu verteilen. Jedenfalls ist dieser Weg schon wegen seiner Wirtschaftlichkeit ratsam. Es sei übrigens darauf hingewiesen, daß Blasluft niemals aus dem Betriebsraum entnommen werden darf. Diese ist schon mit Lösungsmitteldämpfen durchsetzt, zum Trocknen also schlecht geeignet.

Vor allem ist nicht unberücksichtigt zu lassen, daß die Farblösungsmitteldämpfe, die Dämpfe des Benzols, Xylols, Toluols, schwerer sind als die Luft. Wohl werden durch den schnellaufenden Papierstrang und durch die Blasvorrichtungen große Mengen der Farbdämpfe emporgewirbelt, die zweckmäßig auch nach oben abgesaugt werden. Nie darf aber daneben die Raumabsaugung der Dämpfe nach unten vernachlässigt werden, wenn die Anlage auf Vollkommenheit Anspruch machen soll. Gute Anlagen haben daher neben der Absaugung am Entstehungsort der Dämpfe auch noch solche am Boden des Betriebsraumes. Wie die umstehende Skizze zeigt (Abb. 18) ist rings um die Maschine im Boden ein Kanal angeordnet, der teils voll, teils mit gelochten Eisenplatten abgedeckt ist, doch muß darauf geachtet werden, daß der Kanal frei vom Wasser und Verunreinigungen bleibt. In anderen Betrieben hat man Saugrohre bis auf 30 cm über dem Fußboden oder Jalousieklappen vom Fußboden bis auf 1 m Höhe angeordnet. Diese Absaugekanäle werden für die Raumentlüftung genügen, wenn durch ausreichende Frischluftzufuhr für Lufterneuerung gesorgt ist. Die Lufterneuerung muß in Tiefdruck-Betriebsräumen reichlich sein. Eine vier- bis sechsfache in der Stunde, die des öfteren vorgesehen ist, genügt jedenfalls bei Dauerbetrieb nicht. Eine fünfzigfache Erneuerung — auch eine solche wurde vorgefunden — dürfte wohl über das Ziel hinausschießen und Schwierigkeiten machen, die Zugwirkung auszuschalten. Das richtige Maß scheint in der Mitte zu liegen. Im Winter muß die Luft vorgewärmt sein. Auch muß eine möglichst gute Verteilung im Raume stattfinden und die Luft aus Röhren mit vielen Öffnungen und Schlitzen austreten, um keine starke Zugwirkung auftreten zu lassen.

Allgemein sei für die Anordnung von derartigen Be- und Entlüftungseinrichtungen noch darauf hingewiesen, daß zur Erzielung eines möglichst geringen Widerstandes die Rohrleitungen, wenn irgend möglich, geradlinig verlaufen, notwendige Krümmungen nur allmählich und mit großem Halbmesser erfolgen und die Einführung einer Leitung in eine andere in sehr schlanker Form unter möglichst spitzem Winkel ausgeführt werden, um Wirbel, die einen Widerstand bilden und unütze Kraftleistung beanspruchen, zu vermeiden, ebenso tote Winkel in den Leitungen und Kanälen, um die Ansammlung explosibler Gasluftgemische zu verhindern.

Wenn irgend möglich, sollte man bei der Be- und Entlüftung des Raumes möglichst eine einheitliche Richtung einhalten; von der einen Längsseite der Maschine her be-, von der anderen entlüften. Es muß immer etwas mehr Luft abgesaugt als zugeführt werden, damit mit größerer Sicherheit die schädlichen Dämpfe aus dem Raume verschwinden.

Im übrigen darf bei derartigen Anlagen in Tiefdruckereien nicht schematisch verfahren werden; die örtlichen und Betriebsverhältnisse sind zu verschiedenartig. In einem Betriebe arbeitet zur Zufriedenheit die einfachste Raumbe- und -entlüftung, bestehend aus einer mitten im Raume an der Decke in einem langen Schlitzrohr angebrachten, mit Vorwärmung versehenen Frischluftzuführung und aus mehreren an den Seitenwänden unten angeordneten, ins Freie führenden und mit Ventilatoren versehenen Abzugsöffnungen als Entlüftung. In den meisten Fällen wird aber diese Einrichtung ohne Absaugung der Dämpfe an ihrer Entstehungsstelle nicht genügen. Es muß mit Überlegung und auch

28

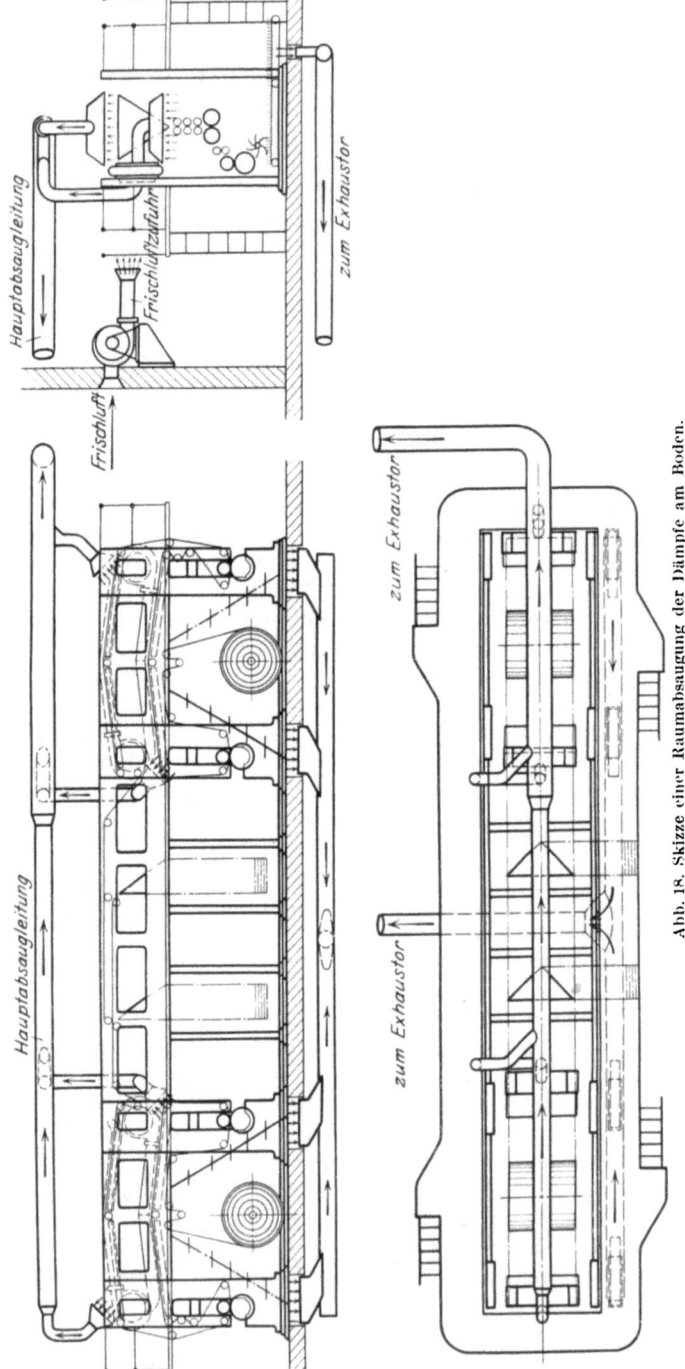

Abb. 18. Skizze einer Raumabsaugung der Dämpfe am Boden.

immer noch mit Versuchen gearbeitet werden. Den Geist muß die Nase unterstützen. Auch die unumstößliche physikalische Erkenntnis, daß die Lösungsmitteldämpfe schwerer sind als die Luft, wird in der Praxis manchmal dadurch scheinbar Lügen gestraft, daß sich an der Decke, und nicht einmal direkt über der Maschine, derartige Dämpfe aufhalten. Oben eingeführte kalte Frischluft ist schnell nach unten gefallen, dadurch das warme, mit Lösungsmitteldämpfen durchsetzte Luftgemisch nach oben und beiseite drängend. Die Trennung der schwereren Lösungsmitteldämpfe von der leichteren Luft geht langsam und nicht gleichmäßig vonstatten.

Es liegt nahe, die verdunsteten Lösungsmittel zurückzugewinnen. Ein Rückgewinnungsverfahren wäre in mehr als einer Hinsicht zu begrüßen. Nicht allein, daß in rein wirtschaftlicher Beziehung gespart werden könnte, und daß die Luft der Umgebung vor Verunreinigung durch Abgase bewahrt würde, es könnten und würden auch bei gutem Arbeiten einer solchen Anlage ohne weiteres teurere, aber bessere und weniger gesundheitsgefährlichere Lösungsmittel verwandt werden. Leider haben die dahingehenden Versuche zur Zeit zu einem praktischen Erfolg noch nicht geführt.

c) Beim Waschen der Zylinder und Farbkästen.

Wenn große Pausen im Druckprozeß eintreten oder wenn die Farbe gewechselt wird, muß der Kupferformzylinder und der Farbkasten gewaschen werden. Oft geschieht dies in der Maschine, oft auch außerhalb in besonderen Waschbottichen; dann aber sollte es auch möglichst in besonderen, gut entlüfteten Räumen geschehen. Man taucht die Zylinder bzw. die Kästen in die Waschbottiche und läßt sie über Nacht stehen. Als Waschmittel benutzt man Terpentinersatz oder auch Farblösungsmittel, Xylol oder dergleichen. Von einzelnen Seiten wird behauptet, daß die Kupferzylinder nur mit letzterem richtig behandelt werden könnten. Man sollte es aber nicht unversucht lassen, das gesundheitsschädlichere Xylol durch ein weniger schädliches Terpentinwaschmittel zu ersetzen. Besonders beim Waschen in Waschkästen sollte Xylol vermieden werden. Unnötig ist jedenfalls, daß die Waschkästen offenstehen; auf solche Waschkästen gehören gut schließende Deckel, nicht etwa nur, wie in einem Betrieb berichtet wurde, damit das Waschmittel über Nacht nicht verstaubt. Empfohlen wird ein Waschkasten mit selbstschließendem Deckel, „Automaticus" genannt, der sich nur öffnet, wenn der Bedienende auf einem Tritt vor dem Kasten steht, und der sich selbsttätig schließt, sobald sich der Bedienende entfernt. Ein Betrieb, der diesen „Automaticus" verwendet, läßt die Waschenden trotzdem Gasmasken tragen, eine Maßnahme, die beim Arbeiten an Waschbottichen, falls Xylol verwandt wird, empfehlenswert ist. An Stelle von Terpentinwaschmittel und Terpentinersatz wird auch Waschpetroleum benutzt (Gemisch von Terpentin und Petroleum) oft mit mehr oder weniger schädlichen Zusätzen, z. B. Lauge, Benzol, Alkohol, Azeton, gechlorten Kohlenwasserstoffen, organischen Säuren, die die Haut angreifen u. a.

Die Waschmittel gehen ebenso wie die Lösungsmittel vielfach unter Phantasienamen; es ist daher ratsam, sich stets vom Lieferanten die wesentlichsten Bestandteile angeben zu lassen.

Noch eine andere Unsitte neben dem Offenstehenlassen der Waschbottiche ist hier anzuführen, nämlich das Herumliegenlassen getränkter Putzlappen. Diese Lappen werden aus dem mit Xylol gefülltem Waschbottich gerausgefischt, notdürftig ausgerungen und beiseite geworfen, bis sie zur Reinigung abgeholt werden. Daß sie gesundheitsschädliche Dämpfe abgeben, leuchtet ein. Diese Lappen gehören in einen dichtschließenden Kasten, wie ihn auch viele Betriebe vorgesehen haben. — Nach dem Waschen sollten die Hände und Unterarme mit Bor-Glyzerin-Lanolin- usw. Salbe eingefettet werden, um Hautekzeme zu vermeiden.

5. Die Entstehung von Bränden an Tiefdruckmaschinen, ihre Verhütung und Bekämpfung.

a) Die elektrische Aufladung und ihre Ableitung.

In Tiefdruckereien sind zahlreiche Brände vorgekommen, zurückzuführen auf die leicht entzündlichen Farblösungsmittel und ihre Dämpfe. Wenn man also dafür sorgt, daß die Bildung dieser Dämpfe so weit als möglich unterbunden wird, und daß die Dämpfe vor der Entstehungsstelle so schnell wie möglich entfernt werden, so sind diese Maßnahmen nicht allein nützlich im Sinne der Verhütung von gesundheitlichen Schädigungen, sondern auch zur Verhütung von Bränden, die in Tiefdruckereien bei den kostspieligen Maschinen und den Papiermengen großen wirtschaftlichen Schaden anrichten können. In diesem Sinne sind also auch alle im vorigen Kapitel empfohlenen Maßnahmen zugleich im Sinne der Brandverhütung zu empfehlen.

Wenn auch die Vermutung nicht von der Hand zu weisen ist, daß ab und zu durch Entzündung an einer brennenden Zigarre oder Zigarette ein Brand entstand — denn leider muß festgestellt werden, daß es Leichtsinnige gibt, die in den feuergefährlichen Betriebsräumen rauchen —, wenn auch in einem Falle angenommen werden kann, daß der Stromunterbrecher, der das Abreißen des Papierstranges anzeigt, in einem anderen der offene Schleifkontakt einer Heiztrommel den Entzündungsfunken hervorgerufen hat, die häufigsten Ursachen der Brände sind zweifellos die Funkenentladungen von statischer Elektrizität des Papiers.

Das Papier ist schon von der Fabrik aus elektrisch geladen. Schlechte Aufrollung, starke Porosität und Rauheit des Papiers, verschiedene Leimarten und andere Eigenschaften begünstigen die elektrische Aufladung. Es ist beobachtet worden, daß den die Papierrollen Abladenden im wahren Sinne des Wortes die Haare zu Berge stehen. Dieser elektrische Ladungszustand des Papiers müßte schon von der Fabrik aus auf jeden Fall vermieden werden. In der Druckerei wird die Ladung verstärkt durch das Durchlaufen des Papierstranges zwischen Kupfer- und Gummizylinder, noch dazu unter Druck. Dazu kommt unter Umständen der Harzgehalt der Farbe, Isolierung der Maschinenwalzen durch das

Öl in den Lagern u. a. Die geeignetsten Faktoren zur Erzeugung von Reibungselektrizität sind also vorhanden. Auch das Laufen über den kupfernen Heizmantel der Trockenvorrichtung bei großer und trockener Hitze unterstützt die elektrischen Erscheinungen. Kommt man mit dem Kopfe nahe an den Papierstrang heran, so sträuben sich die Haare. Beim Streichen mit der Hand über das Papier hört man ein deutliches Knistern. Oft kann man mit dem Daumenknöchel große Funken aus dem Papierrand ziehen. Ständige, zu Eisenteilen der Maschine überspringende Funken konnten sogar photographisch festgehalten werden, wie die nachstehende Abb. 19 zeigt; an anderen Stellen kann die ständige Entladung, der sogenannte Coronaeffekt beobachtet werden. Daß die Erscheinungen an feuchtem Papier, bei feuchtem Wetter oder in feuchten

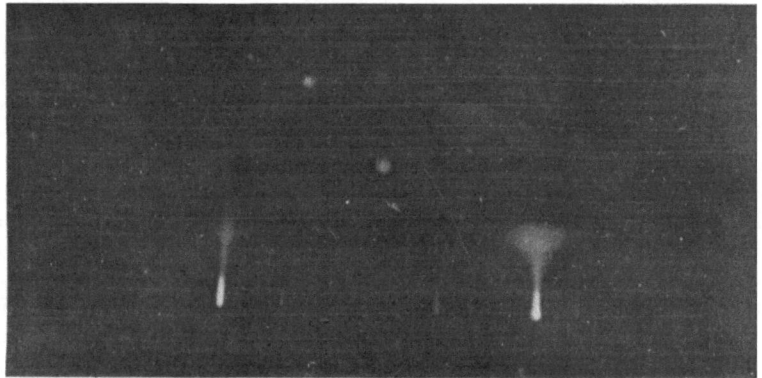

Abb. 19. Photographische Aufnahme elektrischer Funken.

Räumen weniger oder gar nicht auftreten, bei trocknem Wetter aber besonders stark, ist bekannt. Bei Feuchtigkeit findet eine ständige Ausstrahlung in die Luft statt, die Spannung und Elektrizitätsmenge kann nicht so hoch anwachsen, daß ein Ausgleich durch Funken stattfindet. Die Geschwindigkeit der Maschine hat weniger Einfluß auf die Entwicklung bzw. die Höhe der Spannung der Elektrizität. Eigenartigerweise sind aber gerade beim Anlaufen der Maschine häufig Brände zu verzeichnen. Dieses hat folgende Bewandtnis. Bei den Maschinen schleift zuweilen beim Papiereinziehen mittels Hilfsmotor der Papierstrang an den Gummizylindern, die nicht glatt mitlaufen, sondern durch Reibung in hohem Maße Elektrizität erzeugend wirken. Sobald dann die Maschine zum Druck angestellt wird, kommt eine starke Entladung und Entzündung zustande. Wie Kube in „Der graphische Betrieb", Nr. 12, 1929 in dem lesenswerten Artikel über Brände an Tiefdruckmaschinen angibt, kann diesem Übel durch Einbau von Spindeln, die den Papierstrang bei abgestelltem Druck vom Gummizylinder abheben, gesteuert werden.

Die meisten Brände sind am Widerdruckwerk beim Austreten des

Papierstranges aus dem Druckwerk beobachtet worden. Durch Funkenentladungen werden die Dünste aus dem Farbkasten entzündet; ein leicht erklärlicher Vorgang. Die an sich von der Fabrik aus schon vorhandene elektrische Ladung des Papiers ist beim Durchgang durch das erste Druckwerk gesteigert worden. Dazu kommt die trockene Reibung oder Abwälzung auf dem Heizzylinder und schließlich der Durchgang durch das zweite Druckwerk. Die hohe Spannung und Dichte der elektrischen Ladung drängt zum Ausgleich. Zur eisernen Walze oder zum Maschinengestell springt ein Funke über, direkt über dem Farbkasten, der in großer Oberfläche Farbdünste ausströmen läßt, im Widerdruckwerk wegen der Wärmeaufspeicherung in der Farbe noch in erhöhtem Maße. Alle Voraussetzungen für eine Entzündung sind also hier besonders gegeben, und es gilt, die Arbeiter und den Betrieb dagegen zu schützen; zunächst durch Vermeidung von Dämpfen, Absaugung derselben, aber auch Anwendung geringerer Temperatur in den Trockenvorrichtungen. In einem Betriebe wird behauptet, daß die elektrischen Erscheinungen weggeblieben seien, seitdem nur mit 50^0 geheizt wird. Wenn auch nicht überall die gleiche Erfahrung gemacht werden dürfte, so bedeutet jedenfalls die Minderung der Heiztemperatur eine Milderung der Gefahr der elektrischen Entladung. Das Entstehen von elektrischen Ladungen ist aber von so vielen bekannten und unbekannten Umständen abhängig, daß es verkehrt wäre, sich damit allein zu begnügen. Die Lagerung der Papierrollen darf nie in trockener Luft geschehen; nach der Anlieferung im Sommer sollen sie vor Gebrauch erst einige Tage im Keller lagern. Soweit die hohe Temperatur und der geringe Feuchtigkeitsgehalt der Raumluft für die elektrische Ladung des Papiers verantwortlich sind, läßt sich meist verhältnismäßig leicht Abhilfe schaffen durch Kühlung und Luftbefeuchtung, aber auch sonst genügen oft kleine Mittel zur Abführung der elektrischen Ladung.

Um das Aneinanderhaftenbleiben der aus der Maschine ausgeführten gefalzten Bogen zu vermeiden — auch eine Folge der elektrischen Ladung des Papiers —, läßt man einige Fäden aus dem unteren Ende eines nassen Lappens auf der Ausführtrommel streifen. Zum gleichen Zwecke feuchtet man regelmäßig eine mit Filz überzogene Papierführspindel an. An die Stelle, an der wiederholt Brand entstanden ist, an der Austrittsstelle des Papiers aus dem Druckwerk, hat man einfach einen nassen Lappen gelegt. Auch besondere Entelektrisierungsvorrichtungen durch Erdung sind geschaffen worden, oft von der einfachsten Form. Man hat einen blanken Kupferdraht auf der Trockenseite des Papiers schleifend angebracht und diesen Draht geerdet, oder ein gebogenes Blech, mit Kupferstiften besetzt, nahe an die Papierführungsspindel herangebracht, ebenfalls mit Erdung. Ein Messingdrahtgeflecht, ausgefranst vor dem Falzapparat angebracht und geerdet, hat den gleichen Erfolg. — Ein Betriebsunternehmer legt den Hauptwert darauf, daß Kupferschienen auf beiden Seiten des Papierstranges angebracht werden. Diese Schienen sind mit dem Maschinengestell verbunden und außerdem geerdet. — Die Maschinenfabrik Johannisberg hat einen isoliert aufgehängten Kamm aus Kupfer-

Die Entstehung von Bränden an Tiefdruckmaschinen.

blech (Abb. 20) über die Papierbahn gleich hinter dem Auslaufen des Papierstranges aus dem Druckwerk angebracht, diesen laufend mit einer isoliert angeordneten, verstellbaren Funkenstrecke verbunden und geerdet. Die Funkenstrecke hat vor allem den Vorteil, daß man stets überwachen kann, ob die Erdung noch in Ordnung ist; natürlich muß die Funkenstrecke in einer Marienglasröhre eingekapselt werden, sonst könnte sie gerade die Ursache zu einem Brande werden.

Seit langem in Amerika und seit Jahren auch bei uns läßt man mit gutem Erfolge quer über den Papierstrang von Gestell zu Gestell geerdete Lamettastreifen schleifen. Falls dem Streifen gegenüber auf der Rückseite des Papiers noch isoliert ein Kupferkamm oder dergleichen angebracht und geerdet ist, kann diese Anordnung aus rein theoretischen Erwägungen heraus als vollkommen angesehen werden.

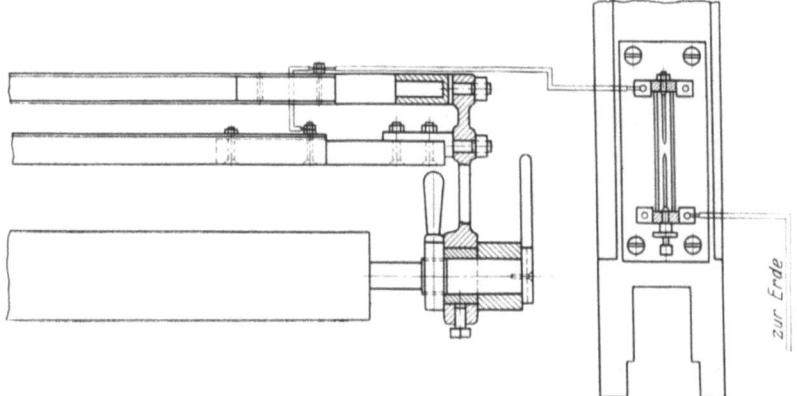

Abb. 20. Schema einer Entelektrisierungsvorrichtung der Maschinenfabrik Johannisberg G. m. b. H., Geisenheim/Rhein.

Für alle Fälle ist es zweckmäßig, die Tiefdruckmaschinen in besonderen Räumen aufzustellen, die von den übrigen Arbeitsräumen mindestens durch feuerbeständige Türen abgetrennt sind und naturgemäß ausreichende Ausgänge aufweisen. Daß auch der Fußboden und die Betriebseinrichtungen, z. B. Heizvorrichtungen der Feuersgefahr entsprechend ausgebildet werden müssen, ist selbstverständlich, ebenso daß die elektrischen Anlagen den Sicherheitsvorschriften des Vereins deutscher Elektrotechniker, mindestens denen für feuergefährliche Räume, entsprechen müssen.

b) Die Löschmittel.

Zum Schluß sei noch darauf hingewiesen, daß bei Bränden in Tiefdruckbetrieben nur Schaum-, Trocken- oder auch Tetralöscher benutzt werden sollten. Die Naßlöscher können sich nicht bewähren; sie würden zur Verbreitung des Brandes beitragen, da die leichten Lösungsmittel auf dem Wasser schwimmen, also brennend fortgetragen werden.

Die Tetrachlorkohlenstofflöscher dürfen nur da benutzt werden, wo die Raumabsaugung im Gang behalten werden kann und so angeordnet ist, daß ein Hineinsaugen der Flamme unbedenklich ist, da Tetrachlorkohlenstoff schädliche Dämpfe abgibt und bei Berührung mit heißem Eisen Phosgen bildet. Die Schaumlöschgeräte werden zweckmäßig so angeordnet, daß sie kippbar sind und die ausgekippte Löschflüssigkeit durch bewegliche Rohrleitungen an die Maschinen herangebracht werden kann. Auch selbsttätige Löscheinrichtungen, die durch Fernschaltung betätigt werden können, sind eingeführt. Daneben sind tragbare Schaumlöscher und Rohmaterial zur Schaumerzeugung zum Nachfüllen der verbrauchten Apparate vorrätig zu halten. Gut haben sich Kohlensäureschneelöscher bei Bränden in Tiefdruckereien bewährt.

6. Staubabsaugung an Schleifmaschinen.

Vor der Aufnahme einer neuen Druckform muß der Kupferzylinder abgeschliffen und poliert werden. Das Abschleifen geschieht durchwegs

Abb. 21. Absaugevorrichtung an einer Schleifmaschine.

auf nassem Wege und ist daher unbedenklich. Für das trockene Polieren ist dagegen stets eine Absaugvorrichtung vorzusehen, wie sie beispielsweise in nebenstehender Abbildung (21) zu erkennen ist. Das Bild zeigt auch eine nachträglich angebrachte Abdeckung des starken Wellenstumpfes rechts, der ohne Schutz zu einem folgenschweren Unfalle geführt hat, doch fehlt eine unfallsichere Umkleidung des Antriebs.

Schließlich sei noch darauf hingewiesen, daß alle Schutzmaßnahmen und Vorrichtungen wirkungslos sind, wenn sie nicht vom Bedienungspersonal sinn- und fachgemäß angewandt werden. Das persönliche Verhalten trägt überhaupt sehr zur Verhütung von gesundheitlichen Schädigungen und von Bränden bei. Das Rauchen ist als äußerst gefährlich in Tiefdruckräumen unbedingt zu unterlassen. Ordnung und Sauberkeit ist unerläßlich. Die Einrichtungen des Betriebes, vor allem die Maschine selbst und der Fußboden, sind von Farb- und Lösungsmittelresten freizuhalten.

In einer rheinischen Druckerei hat man folgenden Aushang in Tiefdruckbetriebssälen aufgehängt:

„1. Nach jeder Benutzung der Rotationstiefdruckpresse, mindestens aber alltäglich nach Arbeitsschluß die Xylolbehälter der Maschinen leeren und das Xylol an den Aufbewahrungsort des Xylolhauptvorrates bringen.

2. In dem Raume, in dem die Rotationstiefdruckpresse steht, ist die Bodenventilation auch dann noch eine Zeitlang in Gang zu belassen, wenn die Maschine stillgesetzt und die Xylolbehälter geleert sind.

Die Betriebsleitung."

Derartige Anweisungen sind nachahmenswert.

Auf das persönliche Verhalten beim Waschen, die Aufbewahrung durchtränkter Putzlappen, ist bereits hingewiesen worden. Benzolbespritzte Arbeitskleidung ist möglichst häufig auszuwaschen. Auf das Einfetten der Hände nach dem Waschen zur Vermeidung von Ekzemen sei nochmals aufmerksam gemacht.

Die Einnahme des Essens sollte außerhalb des Tiefdruckraumes geschehen, und zwar erst nach gründlicher Reinigung, mindestens der Hände. Es mußte wiederholt beobachtet werden, daß trotz Bereitstellung von besonderen Speiseräumen aus Bequemlichkeit das Essen im Tiefdruckbetriebsraum eingenommen wurde. Die Speisen sollten in den Arbeitsräumen möglichst überhaupt nicht, jedenfalls aber nur in dichtschließenden Behältern aufbewahrt werden, da sie sonst im Geschmack verderben.

Verlag von Julius Springer / Berlin

Schriften aus dem Gesamtgebiet der Gewerbehygiene.
Herausgegeben von der Deutschen Gesellschaft für Gewerbehygiene in Frankfurt a. M., Platz der Republik 49. Neue Folge.

Heft 5: **Die Frühdiagnose der Bleivergiftung.** Drei Referate von Dr. **L. Teleky**, Wien, Dr. **H. Gerbis**, Thorn, Professor Dr. **P. Schmidt**, Halle a. d. S. VI, 65 Seiten. 1919. RM 2.30

Heft 6: **Die Meldepflicht der Berufskrankheiten.** Eine Umfrage, bearbeitet von Dr. **E. Francke**, Frankfurt a. M., und Sanitätsrat Dr. **Bachfeld**, Offenbach. 52 Seiten. 1921. RM 1.60

Heft 7. I. Teil: **Bleivergiftung und Bleiaufnahme.** Ihre Symptomatologie, Pathologie und Verhütung mit besonderer Berücksichtigung ihrer gewerblichen Entstehung und Darstellung der wichtigsten gefahrbringenden Verrichtungen. Von **Thomas M. Legge** und **Kenneth W. Goadby**. Übersetzt von Dr. **Hans Katz †**. Herausgegeben und mit Anmerkungen versehen von Dr. **Ludwig Teleky**. Mit 6 Textabbildungen und 2 Tafeln. Nebst einem Anhang: Die deutschen und deutschösterreichischen Verordnungen zur Verhütung gewerblicher Bleivergiftung. Zusammengestellt im Institut für Gewerbehygiene von Else Blänsdorf, Bibliothekarin. VIII, 372 Seiten. 1921. RM 13.—

II. Teil: **Bleiliteratur.** Veröffentlichungen über Bleivergiftung, Spezialarbeiten und Merkblätter, Textangabe der Bleiverordnungen für das Deutsche Reich, Deutschösterreich und außerdeutsche Staaten. Zusammengestellt im Institut für Gewerbehygiene von Else Blänsdorf, Bibliothekarin. IV, 108 Seiten. 1922. RM 3.60

Heft 8 bis 10: **Internationale Übersicht über Gewerbekrankheiten** nach den Berichten der Gewerbeinspektionen der Kulturländer. Mit Unterstützung von Dr. **Ludwig Teleky** bearbeitet von Professor Dr. **Ernst Brezina**, Wien, Technische Hochschule.
Übersicht über das Jahr 1913. VIII, 143 Seiten. 1921. RM 4.80
Übersicht über die Jahre 1914—1918. XII, 270 Seiten. 1921. RM 10.—
Übersicht über das Jahr 1919. VII, 118 Seiten. 1922. RM 4.20

Heft 11: **Die deutsche Bleifarbenindustrie vom Standpunkt der Hygiene.** Nach eigenen Untersuchungen 1921—1922. Von Geh. Hofrat Professor Dr. **K. B. Lehmann**, Direktor des Hyg. Inst. Würzburg. VI, 95 Seiten. 1925. RM 3.90

Heft 12: **Theophrastus von Hohenheim, genannt Paracelsus: Von der Bergsucht und anderen Bergkrankheiten.** Bearbeitet von Dr. **Franz Koelsch**, Ministerialrat im Bayrischen Staatsministerium für Soziale Fürsorge, Bayrischer Landesgewerbearzt, a. o. Professor an der Universität München. Mit 1 Bildnis. VI, 70 Seiten. 1925. RM 4.80

Heft 13: **Über die Gesundheitsgefährdung bei der Verarbeitung von metallischem Blei** mit besonderer Berücksichtigung der Bleilöterei. Von Dr. med. **Hans Engel**, Mitglied des Reichsgesundheitsamtes Berlin. IV, 40 Seiten. 1925. RM 2.70

Heft 14: **Was muß der Arzt von der neuen Verordnung über die Einbeziehung der Berufskrankheiten in die Unfallversicherung wissen und welche Pflichten ergeben sich für ihn daraus?** Versicherungsrechtliche und ärztliche Hinweise. Unter Mitarbeit von Professor Dr. **Hayo Bruns**, Direktor des Bakteriologischen Instituts, Gelsenkirchen, Geh. Sanitätsrat Dr. **Cramer**, Cottbus, Dr. **Martius**, Verwaltungsdirektor der Berufsgenossenschaft der Chemischen Industrie, Berlin, Ministerialrat Professor Dr. **Thiele**, Sächs. Landesgewerbearzt, Dresden, herausgegeben von den Fabrikärzten der chem. Industrie. Mit 6 Abb. im Text und 1 Spektraltafel. IV, 72 S. 1925. RM 4.50

Heft 15: **Die deutsche Fabrikpflegerin.** Von Dr. **Ludwig Schmidt-Kehl**, Assistent am Hygienischen Institut der Universität Würzburg. 31 Seiten. 1926. RM 1.80

Heft 16: **Gewerbestaub und Lungentuberkulose (Stahl-, Porzellan-, Kohle-, Kalkstaub und Ruß).** Eine literarische und experimentelle Studie von Professor Dr. med. **K. W. Jötten**, Direktor des Hygienischen Instituts und der Staatl. Forschungsabteilung für Gewerbehygiene in Münster i. W., und Dr. med. **W. Arnoldi**, ehemaliger Assistent am Hygienischen Institut in Münster i. W. Mit 105 Abbildungen. VI. 256 Seiten. 1927. RM 27.—

MIX
Papier aus verantwortungsvollen Quellen
Paper from responsible sources
FSC® C105338

If you have any concerns about our products,
you can contact us on
ProductSafety@springernature.com

In case Publisher is established outside the EU,
the EU authorized representative is:
Springer Nature Customer Service Center GmbH
Europaplatz 3, 69115 Heidelberg, Germany

Printed by Libri Plureos GmbH
in Hamburg, Germany